农村水电站安全生产
标准化建设指导书

◎刘树锋　黄本胜　汤勤生　刘松林　等编著

黄河水利出版社

·郑州·

内 容 提 要

为了推进农村水电站安全生产标准化达标工作,指导广大农村水电站开展安全生产标准化创建,广东省水利水电科学研究院与广州市黄龙带水库管理中心合作,以黄龙带一、二级水电站创建农村水电站安全生产标准化一级达标单位为例,编写了《农村水电站安全生产标准化建设指导书》。

本指导书以《农村水电站安全生产标准化评审标准》为基础,共分为3个章节。第1章为现场管理,阐述水电站的主要建筑物、机电设备、金属结构、作业环境的现场标准化管理。第2章为综合管理,对安全生产的标准化管理工作进行分解,明确了安全生产目标职责、教育培训、作业安全、安全风险管控及隐患排查治理、应急管理、文档管理、持续改进等具体内容和要求。第3章为制度化管理,明确了安全生产标准化创建中所涉及的规章制度、法律法规、标准规范、操作规程等内容,并提供部分实例,以供参考。

图书在版编目(CIP)数据

农村水电站安全生产标准化建设指导书 / 刘树锋等
编著. — 郑州:黄河水利出版社,2022.12
ISBN 978 - 7 - 5509 - 3509 - 9

Ⅰ. ①农… Ⅱ. ①刘… Ⅲ. ①农村–水力发电站–安
全生产–标准化–中国 Ⅳ. ①TV737–65

中国版本图书馆CIP数据核字(2022)第 251666 号

组稿编辑:杨雯惠   电话:0371-66020903   E-mail:yangwenhui923@163.com

出 版 社:黄河水利出版社   网址:www.yrcp.com
地址:河南省郑州市顺河路黄委会综合楼 14 层   邮编:450003
发行单位:黄河水利出版社
发行部电话:0371 - 66026940、66020550、66028024、66022620(传真)
E-mail:hhslcbs@126.com
承印单位:河南匠之心印刷有限公司
开本:787 mm×1 092 mm   1/16
印张:8
字数:140 千字
版次:2022 年 12 月第 1 版   印次:2022 年 12 月第 1 次印刷

定价:60.00 元

《农村水电站安全生产标准化建设指导书》
编写人员名单

主 编 单 位：广东省水利水电科学研究院

副 主 编 单 位：广州市黄龙带水库管理中心

主要审查人员：黄本胜　汤勤生　杨群豪　黄建州

主要编写人员：刘树锋　刘松林　张嘉勋　余　辰

　　　　　　　汤楚翘　李凯隆　钟相泉　梁石林

　　　　　　　温金生

主要供图人员：江凤琼　翟君伟

前　言

根据《中华人民共和国安全生产法》《国务院安委会关于深入开展企业安全生产标准化建设的指导意见》(安委〔2011〕4号)、《水利行业深入开展安全生产标准化建设实施方案》(水安监〔2011〕346号)、《农村水电站安全生产标准化达标评级实施办法(暂行)》(水电〔2013〕379号)、《农村水电站安全生产标准化评审标准》(办水电〔2019〕16号)等法律法规及文件,推进农村水电站安全生产标准化建设是为了进一步落实农村水电站安全生产主体责任,加强安全生产管理,有效防范生产安全事故,保障生命财产安全。

安全生产标准化是指通过落实企业安全生产主体责任,全员全过程参与,建立并保持安全生产管理体系,全面管控生产经营活动各环节的安全生产与职业卫生工作,实现安全健康管理系统化、岗位操作行为规范化、设备设施本质安全化、作业环境器具定置化,并持续改进。安全生产标准化建设从明确目标职责、建立规章制度、落实教育培训、规范作业行为等方面提出了安全生产工作的具体要求,是生产经营单位实现管理标准化、现场标准化,夯实安全管理基础,落实安全生产主体责任,健全安全生产长效机制,提高安全管理水平的有效途径。本指导书详细介绍了农村水电站安全生产标准化创建涉及的软、硬件内容,紧密结合实例,图文并茂。希望本书能为各级电站管理人员提供参考和借鉴,并为农村水电站安全生产标准化创建和日常运行管理工作发挥指引作用。

由于工作量大且专业性强,本书编写中难免有不当之处,敬请广大读者批评指正。

编　者
2022年10月

目　录

第2章 综合管理/38

第3章 制度化管理/72

第1章 现场管理

现场管理主要涉及生产建筑物及设施的安全控制,管理的主要内容是各种水工建筑物、厂房、设备、安全设施等,保证相关设施的外表完整度、稳定性及运行环境安全性等。现场管理以保证水电站正常安全生产运行并有助于提高生产运作系统效率为目的,从设备的安全、运行和检修等多个层面出发,加强安全保障。

根据工程管理区所处的地理位置、周边环境等情况,工程管理单位应改善工程环境,保持工程及周边环境整洁,工程建筑物如管理房、厂区应干净明亮,促进工程整体外观形象面貌提升。工程设施设备应保养良好,设备有专人负责定期检查、维修,对在用、备用、封存和闲置的设备,应定期进行除尘、防潮、防腐蚀等维护保养工作,保证设施设备完整清洁、润滑良好、启闭灵活,能正常运行。现场管理有助于发现水电站生产运行管理中存在的相关问题,促进安全生产管理工作进一步加强和完善。

本章主要阐述对水电站主要建筑物及设施设备的现场标准化管理。主要包括挡水建筑物、泄水建筑物、输引水设施、厂区、机电设备、金属结构、特种设备等内容。

1.1 挡水建筑物

1.1.1 混凝土坝、土石坝

(1)坝面。大坝坝面整洁,坝段无错动;坝体无影响大坝结构安全的裂缝和渗漏;周边植被茂密、环境优美。

(2)库岸、坝肩。坝基基岩与坝肩岸坡稳定,大坝坝肩、近坝库岸山体植被发育。

(3)坝顶路面。坝面整洁,坝顶路面平整。

(4)防浪墙。防浪墙完整,外观平整,伸缩缝完好。

(5)坝顶防护栏。坝顶路面下游防护栏牢固完好。

坝面整洁,坝顶路面平整

库区岸坡稳定，周边山体植被发育

（6）大坝排水设施。排水、导渗设施完整，排水沟完好无堵塞，排水沟边坡表面岩体完整。

（7）坝脚及量水堰。坝脚平整，无异常渗水；量水堰渗水水质清澈，渗流量无异常。

坝面稳定 坝脚平整，无异常渗水

1.1.2 其他坝

（1）混凝土闸坝。闸墩、闸底板完整；闸板无破损，止水密封良好；启闭动作灵活可靠。

（2）橡胶坝。坝面橡胶无明显老化、龟裂，无严重划伤，充压设备运行正常。

1.1.3 注册登记

（1）坝高 15 m 以上或库容 100 万 m³ 以上水库大坝按规定注册登记；水库大坝注册登记依据水利部《水库大坝注册登记办法》（水管〔1995〕290 号）、《关于修改并重新发布〈水库大坝注册登记办法〉的通知》（水政资〔1997〕538 号）进行。

（2）水闸注册登记依据水利部《水闸注册登记管理办法》（水运管〔2019

260号）进行。

1.1.4 安全鉴定

（1）大坝按规定进行安全鉴定且安全鉴定合格（鉴定结果达到二类及以上）；大坝安全鉴定依据《水库大坝安全鉴定办法》（水建管〔2003〕271号）要求进行，其他水库按照《坝高小于15米的小(2)型水库大坝安全鉴定办法(试行)》（水运管〔2021〕6号）、《库容10万立方米以下小水电站大坝安全评估技术指南(试行)》（办水电〔2022〕272号）执行；新建、改建、扩建、除险加固后的水库，首次安全鉴定应在竣工验收后5年内进行，以后应每隔6~10年进行一次。

（2）水闸安全鉴定依据水利部《水闸安全鉴定管理办法》（水建管〔2008〕214号）执行；水闸首次安全鉴定应在竣工验收后5年内进行，以后应每隔10年进行一次全面安全鉴定。

1.1.5 各类观测、监测设施

各类观测、监测设施完好。观测设施应满足相关安全监测技术规范的要求，观测设施、仪器、仪表的校验或检定符合要求，设施维护保养良好，完善实时数据采集体系（包括水情、雨情、水质、水压、流量、蒸发、沉降、位移、视频监控等监测设施），规范工程的数据采集类别、采集频次、采集手段，构建完善的数据资源体系，有效地支撑工程标准化管理工作。

观测、监测设施

1.2　泄水建筑物

1.2.1　溢洪道、泄洪道

（1）溢洪道进水渠底板、导墙、溢流堰、闸墩、启闭平台、泄槽边墙、底板等无明显裂缝、冲刷、磨损、空蚀现象；过流面平整光滑。

（2）溢洪道基础稳定，流道通畅、结构完整，溢流面无冲蚀现象，水渠段无塌坑、崩岸等，边坡稳定，无异常渗漏和其他隐患。

溢洪道基础稳定，流道通畅

1.2.2　泄洪洞、泄洪孔

洞身结构完整，底板、边墙、顶拱等洞身混凝土结构无裂缝、渗漏，伸缩缝开合和止水完好；进水塔或竖井无裂缝、渗漏；进水口无泥沙淤积、漂浮物及

5

堵塞等阻水现象;出口段底板、边墙等混凝土结构无空蚀、冲刷露筋、破损、裂缝等。

1.2.3 消能设施

消能设施无冲刷、淤积;挑流鼻坎、消力池底板及两侧边墙等部位结构完整,无破损、裂缝、露筋、坑槽等现象。

挑流鼻坎、消力池底板等部位结构完整

1.2.4 桥梁通道

工作桥、交通桥功能完好,路面通畅;板、梁、柱、墩等结构完好;混凝土结构完整,无裂缝,钢结构完整,无破损、锈蚀现象。

1.3 输引水设施

1.3.1 输水隧洞

1.3.1.1 进水口

进水口水流流态平稳,无不利吸气漩涡;通气孔通畅;进水口前无漂浮物、堆积物堵塞或其他阻水现象;进水塔、排架柱等混凝土结构无裂缝、渗水、破损、冻融冻胀、不均匀变形及基础沉降等情况;进水口边坡稳定。

1.3.1.2 洞身

隧洞混凝土衬砌无剥落、裂缝、漏水、空蚀、冲蚀等问题;洞顶无异常掉块和剥落,洞底积石坑清理及时;排水孔无堵塞;围岩稳定,无坍塌、异常渗漏。

1.3.2 引水明渠

1.3.2.1 进水口

进水口水流流态平稳,无不利吸气漩涡;进水口前无漂浮物、堆积物堵塞或其他阻水现象;混凝土结构完好,无裂缝、渗水、破损、冻融冻胀、不均匀变形及基础沉降等情况;进水口边坡稳定。

1.3.2.2 渠道主体和边坡

流道通畅无淤积,流态平稳,底板、渠堤结构完整;混凝土结构完好,无裂缝、渗水、破损、冻融冻胀、剥蚀等现象;结构缝无变形、错位、渗水、止水破损等现象。

明渠流道通畅

1.3.2.3 溢流侧堰

溢流侧堰流道通畅;结构完整;踏步、桥板、护栏等通行设施完好;混凝土结构完好,无裂缝、渗水、破损、冻融冻胀、剥蚀等现象。

1.3.3 压力前池

1.3.3.1 挡墙

挡墙结构完整、衬砌完好,无裂缝、渗水、破损、冻融冻胀、剥蚀等现象,排水设施和冲沙孔完好。

挡墙结构稳定

压力前池整体稳定

1.3.3.2 拦污栅

拦污栅外观良好,无超标变形、锈蚀、磨损;过栅水流平顺,检修、更换、清污方便。

拦污栅结构完整,过栅水流平顺

1.3.3.3 底板

底板结构完整,无裂缝、渗水、破损、冻融冻胀、剥蚀等现象。

1.3.3.4 溢流侧堰

同"1.3.2.3 溢流侧堰"。

1.3.4 压力管道

1.3.4.1 混凝土管道

混凝土管道无破损,无露筋,表面防护完好;伸缩节密封良好,无渗漏。埋藏式压力管道放空时混凝土衬砌内壁无裂缝、反渗水、破损、灌浆孔出水等现象;明敷式压力管道混凝土衬砌外部无裂缝、渗水、破损、冻融等,排水孔畅通。

1.3.4.2 压力钢管

压力钢管无明显变形、锈蚀,表面防护完好;进人孔、伸缩节密封良好,无渗漏;排气阀、排气孔工作正常。埋藏式压力管道钢衬内壁防腐涂层完好,无脱落、锈蚀、鼓包、脱空及焊缝裂纹、反渗水、灌浆孔出水等现象;明敷式压力管道钢衬无锈蚀、鼓包及焊缝裂纹、渗水情况,钢衬外部保温设施完好,钢衬伸缩节无渗水、锈蚀、变形情况。按规范开展定期检测。

压力钢管表面防护完好

1.3.4.3 镇墩、支墩

镇墩与支墩结构稳定,无老化、变形、裂缝、位移、沉陷、破损、渗水和析钙;支墩滑道结构应完整。

镇墩与支墩结构稳定

1.3.5 调压室（井、塔）

混凝土结构稳定,无裂缝、渗水、破损、塌陷、变形情况;栏杆、扶手、楼梯、爬梯完整;调压井所处部位山体地表无渗水,边坡稳定。

1.4 厂 区

1.4.1 一般要求

1.4.1.1 厂区环境

厂区大门需设置指示牌和警示牌;开展厂区绿化、美化,与周围景观协调一致;厂区道路规范,适当设置限速牌等交通标志;合理划分功能区,管理范围内的工作环境整齐有序;保持环境卫生,及时清理废旧物、杂物、垃圾、积尘、废油、淤积物等;建筑物结构完好,照明、排水等基础设施功能正常;厂区内不得饲养家禽、家畜。

厂区大门

花园式厂区　　　　　　　　　　厂区道路平整

1.4.1.2　厂区宣传

（1）在厂区内显眼位置设置安全生产宣传栏,宣传栏的设计应整洁、美观、大方。宣传栏是安全生产文化建设的重要组成部分,应宣传积极向上的员工风貌,宣贯安全生产法规文件、安全知识等内容。

（2）在厂区适当位置张贴安全生产标语,提升员工安全生产意识,营造良好的安全生产氛围。

安全生产宣传栏

1.4.2　主厂房

1.4.2.1　厂房环境

大门美观完整;天面、墙面粉刷完整,无渗漏水,门、窗完好;地面整洁、无油污,通道通畅;通风、照明良好;厂房内部设施布置紧凑恰当;设备布局和空间利用合理;设备清洁,设备标识明确,管线连接整齐;检修场所区域分明,检修设备和工具归置有序。

厂房外部环境整洁美观

厂房内部设施布置合理

1.4.2.2　楼梯通道

（1）保持通道畅通;临水、临空通道应设置安全防护栏和警示标志;工作照明良好,事故照明可靠。

设置稳固护栏

(2)巡查路线、逃生路线标志清晰,逃生出口应设明显标志。

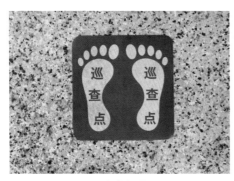

巡查点标志

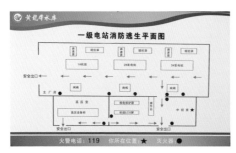

逃生线路图上墙

通道畅通,逃生标识清晰

1.4.3　副厂房

1.4.3.1　中控室

（1）中控室内必须保持洁净的工作环境，天面、墙面粉刷完整，无渗漏水，门窗完好；重要规章制度、操作规程、技术图表上墙；室内通风、照明良好；运行记录字迹清楚，保存完好，查阅方便；中控室的设施、设备及物品应归置分类有序，并保持干净整洁；消防设施配备齐全。

（2）值班运行人员按规定着装上岗，规范佩戴上岗证或值班标志；戴安全帽巡查或操作；严禁穿拖鞋、高跟鞋、裙子值班，严禁吸烟，严禁室内用餐或做与本岗位无关的工作；中控室内应保持安静，不得大声喧哗。

中控室

1.4.3.2　配电室

天面、墙面粉刷完整，无渗漏水；配电室门应加锁，门、窗完好，设有警示标志；做好防水、防小动物、防盗工作，防护网、密封条等防护情况良好；室内通风、照明良好；配电柜、屏柜等设备外表干净整洁、无积尘，各仪表、信号装置指示正常；设备编号清楚，设备铭牌完整；室内严禁堆放物料，配有必备的安全用具、日常清洁用具、专用工具及备件；消防设施配备齐全。

配电柜外观整洁

配电室出入口设有功能、警示标识

1.4.3.3　仓库

（1）墙面粉刷完整，无渗漏水，门窗完好；场地整洁，通道畅通，无杂物，无垃圾，无积水；通风、照明良好。

工具摆放有序

安全工器具齐全

物品摆放有序

（2）物品分类存放，并设清晰标识，收、发、检验、盘点等台账齐全；定期检查仓库防火、防盗设施，保证仓库安全。

检修工具摆放有序

1.4.4　升压站

（1）升压站内场地整洁，通道畅通，照明及排水设施功能正常；升压站主要带电设备安全距离符合规定，升压站围墙、围栏设置规范；安全警示牌清晰、牢固。

升压站

安全防护围栏（一）

安全防护围栏（二）

（2）加强升压站安全管理,严格执行电力安全工作规程,作业人员必须正确使用合格的安全工器具。

1.4.5 办公楼

办公楼内办公室、会议室等区域门、窗、墙壁、地面、天面、办公用具和机具、灯具、空调干净;室内通风、照明良好。

办公楼整洁美观

1.4.5.1 办公室

所有房间均应有门牌号及功能标识,如"301办公室""401主任室"等;办公物品摆放整齐有序,资料归置分类有序,桌椅摆放整齐,环境卫生洁净;室内用电线路敷设需规范整齐、安全可靠。

房间有门牌号及功能标识

1.4.5.2　会议室

会议桌及椅子干净整洁,桌椅摆放整齐;多媒体设施设备功能正常;电源插座面板完好,用电设备附近无积水或易燃物品,未使用的电器插头应及时拔除。

会议室桌椅摆放整齐

1.4.5.3　档案室

档案室室内整洁,档案柜摆放整齐,档案管理制度上墙;门窗封闭情况良好,建筑物防蚊、防风、防潮功能正常,温湿度控制良好;配备充足的消防用具,无线路老化或使用明火等消防安全隐患。

档案柜摆放整齐，柜门贴有分类标识

1.4.5.4　阅览室

阅览室环境干净、整洁、美观。桌椅及书刊架摆放要整齐、合理。

阅览室干净整洁，图书摆放整齐

1.4.5.5　公共区域

公共区域门、窗、墙壁、地面、屋顶、灯具、空调干净整洁；门厅宜设置职工信息栏、宣传栏；楼道、楼梯地面整洁，通风、照明良好；电梯轿厢表面光亮、无污迹，定期维保；卫生间各设备清洁，无水锈、无异味。

大厅明亮整洁　　　　　　　　　　　　　**楼道地面整洁**

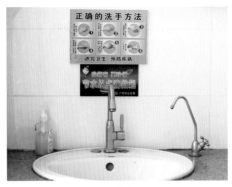

卫生间清洁到位

职工信息栏、宣传栏齐全

1.4.6　厂区消防

（1）厂区消防应建立消防体系，按照有关消防法规及要求，建立消防管理制度，建立健全消防安全组织机构，落实消防安全责任制，定期进行隐患排查，积极开展消防培训和演练。

（2）保持消防疏散通道、安全出口畅通，严禁占用疏散通道。

安全通道畅通

（3）消防器具按消防规定配置，定期检查完好情况，摆放位置应科学合理并制作位置示意图上墙。保持防火门、消防安全疏散指示标志、应急照明等设施功能正常，并定期组织检查、测试、维护和保养。

二氧化碳灭火器箱　　　　　　　　　　防毒面罩

（4）消防设施配备齐全。消防设备、设施做到三定,即设置定点、管理定人、检查定时,并放在明显的地方,消防设施的周围不得堆放杂物和其他设备。

消防栓　　　　　　　　　　推车式灭火器

(5)消防器材应按设计要求配备。升压站应设置消防沙池,沙池有护盖,并配备消防桶和铁锹。主厂房消防通道安全出口应不少于两个,且有一个出口直通屋外地面。

消防沙箱

1.5 机电设备

1.5.1 水轮发电机组

水轮发电机组外壳无变形、破损、腐蚀,设备编号标识清楚,铭牌完整;机组工作噪声、振动正常,主轴摆度正常;机组停机制动安全可靠,无异响。定子绕组温度和温升正常;水导油位、油温正常;水轮机油、水、风系统各部压力渗漏检查,符合标准;水轮机导水叶破断螺丝无折断,拐臂、连杆完整;导叶、喷针间隙正常,停机时无明显漏水。主轴密封间隙合适,无异常漏水、甩水,顶盖排水通畅;轴承、绕组无过热,轴承无漏油,油色、油位正常,套筒无漏油。发电机电气预防性试验合格。

设备编号标识清楚，铭牌完整　　　　　水轮机设备外观完好

1.5.2　调速器

调速器外观完好,表面整洁;设备编号清楚,设备铭牌完整;油泵运转平稳;测控元件配置情况齐全、完好;油压型调速器的低压报警和停机动作正常;接力器开度反馈正常;接力器及推拉杆工作状况良好,调速轴无裂纹、变形,各部位连接可靠;各参数符合设计要求,调节性能良好。

调速器

1.5.3 励磁装置

机组励磁屏运行正常,无异常振动或噪声;设备编号清晰,铭牌完整;屏柜表面整洁,表计、信号指示正常;外壳接地良好;碳刷架、励磁罩整洁;灭磁开关开合正常;冷却风扇运行正常;外壳检修门关闭锁好;温控器运行参数正常,无报警信息;周围无影响安全运行的杂物。

励磁屏

1.5.4 主阀

主阀外观完好,防腐措施到位,表面整洁;设备编号清楚,设备铭牌完整;关闭密封良好,无漏水,开关过程中无卡涩,液动主阀全关时应有锁定装置;油压装置工作正常;主阀伸缩节各连接处无渗漏;主阀应设有平衡压力装置,旁通阀工作良好;螺杆无弯曲变形;开度指示明确;电、液控制装置工作正常。

主阀外观刷漆完整

1.5.5　油气水系统

(1) 各管道刷漆完整,管道设置符合要求,无裂损和锈蚀,无有害振动、变形和渗漏,运行无异常声响;各阀门防腐涂装到位,标志清晰,密封良好,动作灵活可靠;各类管道测控元件工作可靠,压力泵及控制回路工作正常。

(2) 油系统油流方向标识明确;油泵电源正常,控制元件动作正常;储油罐、油处理室布置整洁。

(3) 水系统水流方向标识明确;水泵运行可靠,水压满足供水要求;泵房布置整洁。

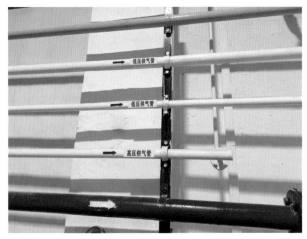

各管道刷漆完整，指示表正常

（4）气系统各压力表指示情况正常；管路各阀门位置正确，无漏气现象；空压机房布置整洁。

1.5.6 保护与监控

保护与监控系统中控室、控制台整洁；设备编号清楚，铭牌完整；蜂鸣器、电铃、开关、指示灯正常；监控屏柜表面整洁，表计、信号指示正常，电缆布线规整，电气元件工作正常。

保护与监控运行

1.5.7 变压器

(1)变压器各部件应完整无缺,外观无明显锈蚀,套管无损伤,标志正确;本体无渗油、无过热现象;接地体完好、无锈蚀;安装位置的安全距离等符合规范要求。

变压器部件完好，标识正确

(2)油箱、油枕无漏油和渗油现象;油表畅通;油位计油面在标准线内;油内无杂质,油色透明,玻璃管无裂纹。

(3)套管清洁,无破损、裂纹、放电痕迹及其他现象。

套管清洁，无破损

（4）瓦斯继电器窗内油面正常；引线端子牢固；继电器及引线无漫油、浸腐，外表清洁。

（5）调压机构密封完好，调压机构外观及控制箱内各元件外观完好。

调压机构密封完好，母线构架牢固

（6）分接开关头盖及头部法兰与变压器连接螺栓应紧固，密封良好，无渗漏油现象。

（7）冷却装置风机运转正常；控制箱外观无锈蚀，箱体密封完好；各组冷却器无渗漏。

（8）变压器各侧母线构架牢固，无倾斜，相别标识清晰，接地完好。

1.5.8 断路器

断路器外壳及支架外观正常，内部无异常声响，接地良好；引线的连接部位接触良好；外壳绝缘法兰与支架间隔绝良好；断路器的支持绝缘子表面清洁，无裂纹和破损现象，固定良好；防爆膜外观正常；套管及支持绝缘子洁净、无裂痕，无放电声；油断路器的油色、油位正常。

断路器

1.5.9　互感器

　　互感器内部无异常声响,端子箱清洁,无受潮现象;互感器瓷瓶、套管、绝缘子应洁净、无损坏及裂痕、无放电声;高压侧引线的两端接头连接良好,无过热现象;高压熔断器限流电阻、熔丝等完好,接触良好。二次侧和外壳接地良好;二次回路的电缆及导线无腐蚀现象。充油互感器的油气、油位正常。

1.5.10　隔离开关

　　隔离开关安装牢固;绝缘子无破损、裂纹及放电痕迹,铁、瓷结合部位牢固,胶合处无脱落现象;瓷件表面无掉釉、破损,无裂纹和闪路痕迹;接头、触头、引线的连接部位接触良好。

互感器　　　　　　　　　隔离开关

1.5.11　电缆

电缆应防护良好,无老化破损,无穿孔,敷设内壁光滑;无发热、电火花、异响等异常现象;金属电缆管无明显锈蚀;电缆沟排水通畅,电缆孔洞封堵严密,分层电缆分隔规范。

1.5.12　母排

母排整体及接点均无变形、无螺丝松脱;无异常声响、振动,无异常温度(发热);支持绝缘子洁净、无破损、无裂痕;相别标识清晰。

母排外观整洁,无破损变形

1.5.13 避雷设施

防雷装置配置齐全完整,避雷针和避雷线保护范围满足要求;避雷器表面整洁,动作可靠,计数正确;避雷装置与接地体的连接应完好,接地装置以及接地电阻符合规程要求。

防雷装置配置齐全完整

1.5.14 配电装置

配电装置构架基础应牢固,各接线、接点间的连接应可靠;断路器及隔离开关操作灵活,闭锁装置动作正确、可靠,无明显过热现象,能保证安全运行;断路器、隔离开关额定电压、额定电流、遮断容量均满足设计要求;油浸式互感器油色、油位正常,无渗漏油;高压熔断器无电腐蚀现象;电缆绝缘层良好,无脱落、剥落、龟裂等现象;母线、支持绝缘子及构架能满足安全运行的要求,无过热现象,安装、敷设、防火符合规程规定。主要设备电气预防性试验合格。

1.5.15 自控系统及继电保护系统

自控系统及继电保护系统各部分信号装置、指示仪表动作可靠,指示正确;设备无过热现象,外壳和二次侧的接地牢固可靠;配线整齐,连接可靠,标志和编号齐全,并有符合实际的接线图册;继电器接点的位置正常;保护定值符合要求。

1.5.16 厂用电、直流系统

厂用电供电可靠;直流系统各部件外观整洁,直流系统及蓄电池和各部件(含线缆)外观及接地无破损、漏液、变形、变色、锈蚀、异味、异物等;直流系统容量、电压、对地绝缘应满足要求;事故照明应规范设置,性能可靠。

1.5.17 通信系统

水电站通信具有系统可靠性要求高、通信方式多样化、传输信息种类繁多等特点。水电站通信主要包括厂内通信、对外通信(包括对电力系统通信、对水利系统的通信及对公用系统的通信)、水情自动测报系统通信、水电厂集中调度通信等。

1.5.18 开关柜

开关柜结构完整,外观整洁;设备编号清楚,设备铭牌完整;安全设施(联锁、接地线、遮栏)和零件、附件齐全、完好;接地线无腐蚀、折断现象;操作机构动作灵活可靠;刀闸刀口接触严密;盘柜可靠接地,接地线良好,无腐蚀、破损;开关柜各电流、电压表计指示正常;继电保护齐全,功能正常;断路器、电缆头等带油设备无渗油现象,油位正常。

1.6 金属结构

水电站金属结构是指电站内以金属为材料的主要构件及设施,如启闭机、闸门、压力钢管(见"1.3.4.2 压力钢管")、拦污栅、清污机、阀门等。

1.6.1 闸门

(1)闸门运行正常,闸门门体、主梁、支臂、支承行走装置、止水装置、埋件、平压设备及锁定装置的结构完整,外观状况良好;吊耳、销杆、吊杆、连接螺栓结构完整,主轮、侧轮转动灵活,反向支承结构完整;止水橡皮无老化开裂,润滑水供给正常;各结构无超标变形、锈蚀、磨损、表面缺陷和焊缝缺陷。

闸门运行正常

(2)启闭动作平稳,锁定装置可靠,平压设备(充水阀或旁通阀)完整可靠,闸门与门槽间无明显变形和腐(锈)蚀、磨损现象。

闸门结构完整

1.6.2　启闭设备

启闭机机座稳定,机架无变形;启闭操作平稳、运行可靠;启闭机外观状况、运行状况以及电气设备与保护装置状况良好,主要受力构件无明显变形、磨损、裂纹、漏油,无明显老化、磨损现象;电控部分绝缘良好,制动器动作灵敏可靠,电气控制正常;安全保护装置功能完备。

启闭机机座稳定、运行可靠

1.6.3 其他金属结构

拦污栅、清污机、阀门等金属结构外观良好,防腐涂装到位,无超标变形、锈蚀、表面缺陷和焊缝缺陷,清污机清污及时,旁通阀操作机构、控制部分可靠,锁定装置可靠,无渗漏现象。

1.7 特种设备

1.7.1 压力容器

(1)容器外表面的防腐油漆等完整无损;压力容器的操作压力、操作温度、各连接部位无泄漏及渗漏现象,容器无塑性变形、磨损以及其他缺陷或可疑迹象。容器及其连接管道无振动、磨损现象。

(2)安全阀、压力表、温度计、冷凝水、液位计等安全装置应完全灵敏可靠,定期校验;支承支座、排放冷凝水、安全装置等运行状况良好并做好运行记录。

1.7.2　起重设备

(1)起重设备外观刷漆良好,钢丝绳、铰链及吊具保养及时;起重机有使用登记证,定期由特种设备检验机构进行合格检验,保证能够正常安全运行。

(2)起重设备需要登高作业的部位(高于地面或者固定平面 2 m 以上),采取可靠的登高安全措施、落实必要的安全保护和防护措施以及辅助工具。

起重设备运行正常,外观刷漆良好

1.7.3　电梯

运行正常、无异常的振动或噪声,运行、制动等操作指令有效,报警装置、应急照明正常可靠,安全检验合格标志、警示标志完好。

第 2 章 综合管理

综合管理内容涵盖了增强人员安全素质、提高装备设施安全水平、改善作业环境、强化落实岗位职责等各个方面，通过加强农村水电站各个岗位和环节的安全生产标准化建设，进一步规范从业人员的安全行为，促进现场各类隐患的排查治理，推进安全生产长效机制建设，有效防范和坚决遏制事故的发生，保证安全生产状况持续稳定。

本章对《农村水电站安全生产标准化评审标准》各级项目核心要求进行分解，阐述了安全生产标准化的基本要求，明确了现场作业、文件管理等具体工作事项。主要包括作业安全管理、标志标识管理、安全生产目标职责管理、安全文化及信息化建设、文件和档案管理、教育培训、职业健康、安全风险管控及隐患排查治理、应急管理、事故管理等内容。

2.1　作业安全管理

作业安全管理主要包括设备设施管理、设备使用管理、作业行为管理、安全设施管理四个部分。

2.1.1　设备设施管理

2.1.1.1　挡水建筑物

1.作业要求

大坝、闸坝、堰坝、前池等应定期进行维护和观测,定期进行安全检查,并按规定进行安全监测;各类观测、监测设备完好。

2.管理文件资料

(1)大坝安全注册资料、大坝安全鉴定资料。

(2)大坝、闸坝、堰坝、前池等定期维护和观测记录。

(3)各类观测、监测设备台账,各类观测、监测设备检查维护记录。

(4)挡水建筑物相关隐患整改、验收记录。

2.1.1.2　泄水建筑物

1.作业要求

溢洪道、泄洪洞、泄洪孔等应定期进行维护和观测,并按规定进行安全监测。

2.管理文件资料

(1)溢洪道、泄洪洞、泄洪孔等定期维护和观测记录,各类泄水建筑物基础稳定性监测记录资料。

(2)泄水建筑物相关隐患整改、验收记录。

2.1.1.3　输引水建筑物

1.作业要求

进水口、引水渠道、渡槽、涵管、尾水渠、隧洞、调压室(井、塔)、压力管道等应定期进行维护、检查、观测。

2. 管理文件资料

(1)进水口、引水渠道、渡槽、涵管、尾水渠、隧洞、调压室(井、塔)、压力管道等定期维护、检查、观测记录。

(2)输引水建筑物相关隐患整改、验收记录。

2.1.1.4 厂区设施

1. 作业要求

厂区仓库、办公楼、发电厂房、升压站设施、消防设施等应定期进行巡查维护并形成记录。

2. 管理文件资料

(1)厂区各部位定期巡查维护记录;厂房内通风、防潮、防火等作业环境安全监测资料,巡视、检查记录。

(2)厂区内相关隐患整改、验收记录。

2.1.1.5 机电设备

1. 作业要求

水轮机、调速器、油气水系统、发电机、励磁装置、变压器、配电装置、自控系统及继电保护系统、防雷和接地、厂用电、直流系统、通信系统等应按规程规定的周期进行维护、检修和试验。

2. 管理文件资料

(1)水轮机、调速器、油气水系统、发电机、励磁装置、变压器、配电装置、自控系统及继电保护系统、防雷和接地、厂用电、直流系统、通信系统等设备维护、检修和试验记录资料。

(2)机电设备相关隐患整改、验收记录。

(3)水轮机特性图、油气水系统示意图、主要设备线路图、主接线图等机电设备技术资料。

2.1.1.6 金属结构

1. 作业要求

压力钢管、主阀、闸门、进水口拦污排、拦污栅、启闭机等应按规定进行维护、检测。

2. 管理文件资料

(1)压力钢管、主阀、闸门、进水口拦污排、拦污栅、启闭机等金属结构检查、检测和维护记录;闸门、启闭机启闭试验记录。

(2)金属结构相关隐患整改、验收记录。

2.1.1.7　特种设备

1.作业要求

起重设备、压力容器、电梯等特种设备,应定期由特种设备检验机构进行检验,检验合格并能正常安全运行。

2.管理文件资料

(1)特种设备安全管理台账,特种设备检验、检查、维护记录。

(2)特种设备相关隐患整改、验收记录。

2.1.2　设备使用管理

2.1.2.1　设备运行

1.作业要求

(1)应按《农村水电站技术管理规程》(SL 529—2011)规定的周期开展设备评级。

(2)应根据运行规程做好设备的运行工况、操作、变位、信号等的记录工作。

2.管理文件资料

(1)设备管理台账,设备评级记录表。

(2)设备运行方案,设备运行记录。

2.1.2.2　设备检修

1.作业要求

(1)应及时记录故障发生的原因、设备缺陷状态并通知维修。维修处理的结果与缺陷通知单应组成维修记录。短期内处理不了的缺陷应说明原因。

(2)根据检修规程、试验规程,编制检修计划和方案,明确检修人员、安全措施、检修质量、检修进度、验收要求,各种检修记录规范。

2.管理文件资料

(1)设备缺陷整改、验收记录。

(2)设备检修计划和方案、设备设施检修过程记录。

2.1.2.3 设备报废及拆除

1. 作业要求

设备存在严重安全隐患,无改造、维修价值,或者超过规定使用年限且不具备延寿运行条件,应当及时报废;设备报废应严格执行相关程序;已报废的设备应及时拆除,退出现场。

2. 管理文件资料

设备拆除方案及安全技术交底记录;设备拆除记录、管理台账。

2.1.3 作业行为管理

2.1.3.1 两票三制管理

1. 作业要求

(1)严格执行工作票、操作票使用和管理制度,核对操作票、工作票的内容和设备名称,加强操作监护并逐项进行操作,建立工作票登记记录和操作票登记记录。

(2)应严格执行交接班制度、巡回检查制度、设备定期轮换和试验制度,建立交接班记录、巡回检查记录、设备定期轮换和试验记录。

2. 管理文件资料

(1)工作票、操作票登记记录。

(2)交接班记录、巡回检查记录、设备定期轮换和试验记录。

2.1.3.2 调度运行管理

1. 作业要求

严格执行调度命令,落实调度指令;严格执行运行规程和相关特种作业规程的规定。

2. 管理文件资料

运行调度规程;调度运行记录。

2.1.4 安全设施管理

2.1.4.1 安全防护

1. 作业要求

(1)安全防护设施齐全、完整,符合国家标准及现场安全要求。

(2)安全防护设施定期进行监督检查,并形成记录。

2. 管理文件资料

安全防护设施管理台账、检查维护记录。

2.1.4.2 安全器具

1. 作业要求

(1)在有关岗位配置足够、有效的安全防护用品和安全技术用具,建立安全器具管理台账,定期进行监督检查并形成记录,定期进行检验并保存定期检验报告。

(2)安全技术用具和安全防护用品均定期检验合格,按用途和类别摆放规范、整齐。

2. 管理文件资料

(1)安全器具管理台账、安全器具定期监督检查记录。

(2)安全器具定期检测试验报告。

2.1.4.3 消防设施

1. 作业要求

(1)建立消防管理制度,建立健全消防安全组织机构,落实消防安全责任制;开展消防培训和演练。

(2)防火重点部位和场所配备种类和数量足够的消防设施、器材,并完好有效;建立消防设施、器材台账;严格执行动火审批制度;建立防火重点部位或场所档案。

2. 管理文件资料

(1)消防管理制度,消防安全组织机构成立文件,消防培训演练记录等。

(2)消防设施、器材管理台账;消防设施监督检查记录,建立防火重点部位或场所档案等。

2.2 标志标识管理

标志标识管理主要包括标识牌种类、标识牌样式、标识牌检查和维护三个部分。

2.2.1 标识牌种类

标识牌分为公告类、名称类、警示类、指引类。

（1）公告类标识牌主要用于提供工程管理建设情况、管理制度、工程宣传保护等信息。

（2）名称类标识牌主要用于标注工程设施、设备名称信息。

（3）警示类标识牌主要用于提示、提醒需要注意或引起重视的潜在危险或不安全信息。

（4）指引类标识牌主要用于指引、向导执行某种管理行为。

2.2.1.1 公告类标识牌

1. 标识牌分类

公告类标识牌主要包括工程简介牌、工程建设责任人公示牌、法律法规和水文化宣传牌、管理范围和保护范围公示牌、界（牌）、规章制度（操作规程）牌、设备和设施责任牌等。

工程简介牌

工程简介、保护范围公示牌

宣传栏（一）

宣传栏（二）

宣传栏（三）

制度栏

危害告知卡

职工信息栏

2. 设置要求

公告类标识牌设置要求见下表。

公告类标识牌设置要求

序号	标识牌类型	设置要求
1	工程简介牌	大坝、水闸等主要建筑物附近醒目位置
2	工程建设永久性责任牌	大坝、水闸等工程区域或主要建筑物附近醒目位置
3	公告牌	大坝、水闸、厂区、办公楼等工程区域或主要建筑物附近醒目位置
4	管理范围和保护范围牌	工程区域及其管理范围或保护范围醒目位置
5	规章制度（操作规程）牌	厂房、办公楼、启闭机房、主要机电设备操作地点或工作地点附近醒目位置
6	宣传牌	工程区域及其管理范围或保护范围醒目位置
7	安全生产提醒	厂区、办公楼等附近醒目位置
8	其他公告类标识牌	宜根据实际需要设置，当在同一位置（或邻近位置）需设立多个同类标识牌时，宜考虑适当整合

2.2.1.2 名称类标识牌

1. 标识牌分类

名称类标识牌主要包括建筑物名称牌、设备牌、监测设施名称牌、机电设备序号牌、机电设备管理责任牌、电气屏柜设备名称牌、管路标识和仪表牌、公里桩(牌)、照明设施牌、消防设施牌、防汛物料牌等。

设备责任牌（一）

设备责任牌（二）

设备名称牌（一）

设备名称牌（二）

设备名称牌（三）

设备名称牌（四）

设备序号牌（一）

设备序号牌（二）

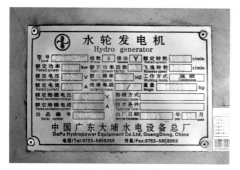

设备铭牌（一）

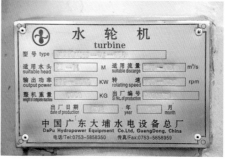

设备铭牌（二）

2. 设置要求

名称类标识牌设置要求见下表。

名称类标识牌设置要求

序号	标识牌类型	设置要求
1	建筑物名称牌	厂房、办公楼、大坝、泄洪道（洞）、泄洪闸启闭机房等各主要建筑物上
2	监测设施名称牌	监测设施、测点表面或周边醒目位置
3	机电设备名称牌	水轮机、发电机、调速器、励磁装置、油气水系统设备等主要机电设备表面或周边醒目位置
4	机电设备序号牌	
5	机电设备责任牌	
6	电气设施名称牌	变压器、断路器、互感器、避雷设施、配电装置、自控系统及继电保护系统等主要电气设备表面或周边醒目位置
7	电气设施序号牌	
8	电气设施责任牌	
9	门牌、功能标识	办公室、会议室、档案室等办公生产区域醒目位置
10	其他名称类标识牌	宜根据实际需要设置，当在同一位置（或邻近位置）需设立多个同类标识牌时，宜考虑适当整合

2.2.1.3　警示类标识牌

1. 标识牌分类

警示类标识牌主要包括警示牌、警告牌、警示标线等。

安全警示标识

警示牌（一）　　　　　　　　　　警示牌（二）

禁止跨越　　　　　　　　　　当心触电

禁止游泳

注意落石

当心落水

厂房警示牌

警示线

禁止站人

2. 设置要求

警示类标识牌设置要求见下表。

警示类标识牌设置要求

序号	标识牌类型	设置要求
1	深水警示牌	泄洪设施进、出口；库区可直达水面的通道口；水闸及泵站上下游、左右岸管理范围内；未封闭的干渠周边醒目位置
2	禁止游泳	泄洪设施进、出口；库区可直达水面的通道口；水闸及泵站上下游、左右岸管理范围内；未封闭的干渠周边醒目位置
3	禁止钓鱼	库区、大坝显眼处
4	高压危险	升压站、变压器等工程区域或主要建筑物附近醒目位置
5	农村供水工程水源保护警示牌	水源地周边醒目位置
6	警示标线	启闭设备、电气设备、重要仪器设备等周边
7	限高、限荷标识牌	有限荷、限高要求的工作桥、交通桥等建筑附近醒目位置
8	禁止吸烟	厂房、办公楼、升压站等安全生产区域醒目位置
9	安全生产提醒	厂房、办公楼等安全生产区域醒目位置
10	其他警示类标识牌	宜根据实际需要设置，当在同一位置（或邻近位置）需设立多个同类标识牌时，宜考虑适当整合

2.2.1.4　指引类标识牌

（1）指引类标识牌主要包括巡查（视）工作线路指引牌、巡查点牌、管路物质流向牌、路引牌等。

（2）巡查（视）工作线路指引牌设置部位应为巡查、观测线路主要路径、节点醒目位置，具体根据实际需要确定。

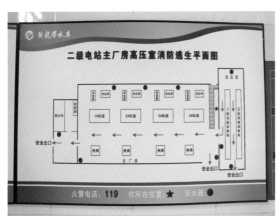

消防逃生平面图

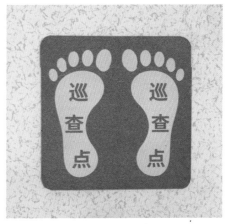

巡查路线

巡视点标识牌

巡查点标识牌

巡视路线指示标识牌（一）

巡视路线指示标识牌（二）

2.2.2 标识牌样式

(1)标识牌的样式首先应满足其功能,风格应尽量统一。

(2)标识牌的形状及尺寸宜根据工程规模、周边环境、制作工艺和美观要求等情况合理设计。

(3)标识牌内容应准确、清晰、简洁,文字应规范、正确、工整。

(4)标识牌的安装应牢固稳定、安全可靠。

2.2.3 标识牌检查和维护

(1)标识牌状况应纳入日常巡视检查范围。

(2)标识牌应经常清洁、维护,方便识别。

(3)标识牌存在破损、变形、褪色、丢失等情况时,应及时修整或更换。

2.3 安全生产目标职责管理

安全生产目标职责管理主要包括目标管理、组织机构和职责、安全生产投入三个部分。

2.3.1　目标管理

2.3.1.1　目标制定

1. 作业要求

(1)制定安全生产目标管理制度,应明确目标的制定、分解、实施、检查、考核等内容,制定的《安全生产目标管理制度》中应包括:规划目标、总体目标、年度目标、分解指标及其制定要求;规定目标分解的原则、层次(管理层、执行层、操作层)和方式;明确目标控制的程序、内容和措施,以及各层次目标、指标的考核办法等。

(2)制定安全生产总目标和年度目标,包括生产安全事故控制、生产安全事故隐患排查治理、职业健康、安全生产管理等目标。根据部门和所属单位在安全生产中的职能,分解安全生产总目标和年度目标。

2. 管理文件资料

(1)《安全生产目标管理制度》。

(2)安全生产总目标和年度目标制定文件,安全生产总目标和年度目标分解文件。

2.3.1.2　目标落实

1. 作业要求

逐级签订年度安全生产责任书,并制定目标保证措施。

2. 管理文件资料

各级安全生产目标责任书。

2.3.1.3　目标监督与考核

1. 作业要求

(1)定期对安全生产目标完成情况进行检查、评估,必要时及时调整安全生产目标实施计划。

(2)定期对安全生产目标完成情况进行考核奖惩。

2. 管理文件资料

(1)安全生产目标完成情况检查、评估和考核记录。

(2)各部门、岗位考核过程记录、考核奖惩记录。

2.3.2　组织机构和职责

2.3.2.1　安全生产委员会（安全生产领导小组）

1. 作业要求

(1)成立由单位主要负责人、其他领导班子成员、有关部门负责人等组成的安全生产委员会(安全生产领导小组)，人员变化时及时调整发布。

(2)安全生产委员会(安全生产领导小组)应每季至少召开一次安全生产会议，跟踪落实上次会议要求，总结分析本单位的安全生产情况，评估本单位存在的风险，研究解决安全生产问题，并形成会议纪要或记录。

2. 管理文件资料

(1)成立安全生产委员会的相关文件(含人员配置、管理职责和工作制度)。

(2)安全生产会议纪要、记录。

2.3.2.2　安全生产管理机构

1. 作业要求

按规定设置或明确安全生产管理机构，配备专(兼)职安全生产管理人员，建立健全安全生产管理网络。

2. 管理文件资料

成立安全生产管理机构的相关文件(含人员配置、管理职责和工作制度)，各部门(车间)专(兼)职安全员名单。

2.3.2.3　安全职责

1. 作业要求

(1)安全生产责任制度应明确各级单位、部门及人员的安全生产职责、权限和考核奖惩等内容。主要负责人全面负责安全生产工作，并履行相应责任和义务；分管负责人应对各自职责范围内的安全生产工作负责；各级管理人员应按照安全生产责任制的相关要求，履行其安全生产职责。

(2)定期对部门和从业人员的安全生产职责的适宜性、履职情况进行评估和监督考核。

(3)建立激励约束机制，鼓励从业人员积极建言献策，建言献策应有回复。

2. 管理文件资料

(1) 安全生产责任制度及岗位职责。

(2) 安全职责评估考核记录、安全职责奖惩记录。

(3) 建言献策记录。

2.3.3　安全生产投入

2.3.3.1　费用投入

1. 作业要求

(1) 安全生产投入制度应明确费用的提取、使用和管理。按有关规定保证安全生产所必需的资金投入。

(2) 根据安全生产需要编制安全生产费用使用计划或经费预算,保障安全生产所需的资金投入,严格资金使用审批管理。

2. 管理文件资料

(1) 安全生产投入制度。

(2) 安全生产费用使用计划或经费预算。

2.3.3.2　费用使用

1. 作业要求

(1) 安全生产费用使用应符合有关规定范围,按计划足额提取安全生产费用。

(2) 落实安全生产费用使用计划,并保证专款专用。

(3) 按照有关规定,为从业人员及时办理工伤等相关保险。

2. 管理文件资料

(1) 安全生产费用台账。

(2) 安全生产费用使用相应的财务支出凭证或发票。

(3) 相关保险证明材料。

2.3.3.3　费用使用监督与检查

1. 作业要求

每年对安全生产费用的落实情况进行检查、总结和考核,并以适当方式公开安全生产费用提取和使用情况。

2. 管理文件资料

安全生产费用落实情况检查、总结和考核记录;安全生产费用落实情况公示文件。

2.4　安全文化及信息化建设

安全文化及信息化建设主要包括安全文化建设和信息化建设两个部分。

2.4.1　安全文化建设

2.4.1.1　作业要求

(1)确立本单位安全生产和职业病危害防治理念及行为准则,并教育、引导全体人员贯彻执行。安全生产和职业病危害防治理念及行为准则需贴合本单位的实际情况。

(2)制定安全文化建设规划和计划,开展安全文化建设活动。

2.4.1.2　管理文件资料

(1)安全生产和职业病危害防治理念及行为准则与教育、引导记录。

(2)安全文化建设规划或计划、安全文化活动记录。

2.4.2　信息化建设

2.4.2.1　作业要求

根据实际情况,建立安全生产日常管理、重大危险源监控、职业病危害防治、应急管理、安全风险管控和隐患自查自报、安全生产预测预警等电子台账或信息系统,利用信息化手段加强安全生产管理工作。

2.4.2.2　管理文件资料

电子台账或信息系统运行维护记录。

2.5 文件和档案管理

文件和档案管理主要包括文件和记录管理、安全记录档案管理两个部分。

2.5.1 文件和记录管理

2.5.1.1 作业要求

建立文件和记录管理制度,文件管理制度应明确文件的编制、审批、标识、收发、使用、评审、修订、保管、废止等内容,并严格执行;记录管理制度应明确记录管理职责及记录的填写、收集、标识、保管和处置等内容,并严格执行。

2.5.1.2 管理文件资料

文件和记录管理制度。

2.5.2 安全记录档案管理

2.5.2.1 作业要求

(1)建立档案管理制度,档案管理制度应明确档案管理职责及档案的收集、整理、标识、保管、使用和处置等内容,并严格执行。

(2)建立健全安全生产过程、事件、活动、检查的安全记录档案,并实施有效管理。安全记录档案应包括但不限于:操作票、工作票、值班日志交接记录、巡检记录、检修记录、设备缺陷事故调查报告、安全生产通报、安全会议记录、安全活动记录、安全检查记录。

2.5.2.2 管理文件资料

档案管理制度,安全生产记录档案。

2.6 教育培训

教育培训主要包括教育培训管理和人员教育培训两个部分。

2.6.1 教育培训管理

2.6.1.1 作业要求

(1)制定安全生产教育培训制度,安全教育培训制度应明确归口管理部门、培训的对象与内容、组织与管理、检查和考核等要求。

(2)定期识别安全教育培训需求,按照安全教育培训制度和培训需求编制培训计划,按计划进行培训,对培训效果进行评价,并根据评价结论进行改进,建立教育培训记录、档案。

2.6.1.2 管理文件资料

(1)安全教育培训制度。

(2)安全教育培训计划,安全教育培训计划实施记录、培训效果评价及改进记录,安全教育培训档案。

2.6.2 人员教育培训

2.6.2.1 主要负责人和安全生产管理人员培训

1. 作业要求

主要负责人和安全生产管理人员,必须具备相应的安全生产知识和管理能力,按规定经有关部门培训考核合格后方可上岗任职,按规定进行复审、培训。

2. 管理文件资料

主要负责人、安全生产管理人员的安全生产培训考核档案台账。

2.6.2.2　新员工培训

1. 作业要求

新员工上岗前应接受三级安全教育培训,并考核合格。建立三级安全教育培训管理档案台账。

2. 管理文件资料

三级安全教育培训实施记录,三级安全教育培训管理档案台账。

2.6.2.3　"四新"培训

1. 作业要求

在新工艺、新技术、新材料、新设备投入使用前,应根据技术说明书、使用说明书、操作技术要求等,对有关管理、操作人员进行有针对性的安全技术和操作技能培训与考核;建立安全技术和操作技能培训的档案台账。

2. 管理文件资料

有针对性的安全技术和操作技能培训考核记录,安全技术和操作技能培训台账。

2.6.2.4　转岗、重新上岗作业人员培训

1. 作业要求

作业人员转岗、离岗 3 个月以上重新上岗前,应进行安全教育培训,经考核合格后上岗。建立作业人员转岗、离岗 3 个月以上重新上岗前安全教育培训档案台账。

2. 管理文件资料

转岗、离岗作业人员重新上岗培训与考核记录,安全教育培训档案台账。

2.6.2.5　特种作业人员培训

1. 作业要求

(1)特种作业人员、特种设备作业人员应按照国家有关规定经过专门的安全作业培训,取得相关证书后上岗作业;离岗 6 个月以上重新上岗的,应进行实际操作考核,合格后上岗工作。

(2)建立健全特种作业人员和特种设备作业人员档案台账。电站特种作业人员、电工作业人员经培训考试合格,培训资料齐全,持有效证件(电工证、操作证)上岗。

2. 管理文件资料

(1)特种作业人员教育培训记录资料;特种作业人员离岗 6 个月以上重新上岗实际操作考核记录。

(2)特种作业人员教育、培训和考核档案台账。

2.6.2.6 在岗的作业人员培训

1. 作业要求

每年对在岗作业人员进行安全生产教育和培训,培训时间和内容应符合有关规定。建立在岗作业人员安全生产教育、培训和考核档案台账。

2. 管理文件资料

在岗作业人员安全生产教育、培训记录和考核资料;在岗作业人员安全生产教育、培训和考核档案台账。

2.6.2.7 其他人员教育培训

1. 作业要求

(1)检查相关方作业人员的安全生产教育培训及持证上岗情况。

(2)对外来人员进行安全教育,主要内容应包括:安全规定、可能接触到的危险有害因素、职业病危害防护措施、应急知识等,并由专人带领做好相关监护工作。

2. 管理文件资料

(1)相关方作业人员安全生产教育培训记录;相关方资质证书、作业人员上岗作业证书档案。

(2)外来人员安全教育记录;外来人员相关安全监护工作落实的有关记录。

2.7 职业健康

职业健康主要包括职业危害场所管理和职业危害人员管理两个部分。

2.7.1　职业危害场所管理

2.7.1.1　职业危害检测

1. 作业要求

（1）对作业场所进行识别，并对识别出存在职业危害的场所，定期进行职业病危害因素检测，对检测结果进行评价、记录。

（2）及时、如实地向所在地有关部门申报生产过程中存在的职业危害因素，当作业环境、生产条件、工艺过程等发生变化并导致职业危害因素改变时，应及时补报。

2. 管理文件资料

（1）作业场所职业危害辨识和评估资料；职业危害场所检测记录、具有检测资质的专业公司检测报告。

（2）职业病危害申报资料、补报资料。

2.7.1.2　职业危害警示

1. 作业要求

（1）在存在职业危害的工作场所，设置警戒区、安全隔离设施、报警装置，制定应急处置方案，现场配置急救用品、设备，并设置应急撤离通道。

（2）在存在职业危害的作业岗位，设置警示标识和警示说明，警示说明应载明职业危害的种类、后果、预防以及应急救治措施；定期检查及维护警示标识。

2. 管理文件资料

（1）报警装置检测、验收记录；应急预案；急救用品台账及检查维护记录。

（2）警示标识检查维护记录。

2.7.2　职业危害人员管理

2.7.2.1　职业危害告知

1. 作业要求

（1）签订劳动合同时，如实详细地告知劳动者从事岗位所面临的职业危害和相关防护措施。

(2)根据岗位性质,有针对性地对新上岗人员进行职业危害培训。

2.管理文件资料

(1)职业危害告知书、岗位危害告知书,提供载有职业危害告知的劳动合同等资料。

(2)职业危害培训记录资料。

2.7.2.2 职业危害防护

1.作业要求

(1)对从事接触职业病危害岗位的相关人员应按规定组织上岗前、在岗期间和离岗时职业健康检查,建立健全职业卫生档案和员工健康监护档案(包括岗前、岗中和离岗)。

(2)制定职业病患者的治疗和疗养计划并落实,按规定给予职业病患者及时的治疗、疗养;患有职业禁忌症的员工,应及时调整到合适岗位。

(3)为从业人员配备符合国家职业卫生标准并与工作岗位相适应的职业健康防护用品,指定专人负责保管、定期校验和维护,教育并监督作业人员按照规定正确佩戴、使用劳动防护用品。

2.管理文件资料

(1)从业人员上岗前、在岗期间、离岗时的职业健康检查记录;从业人员职业健康监护档案。

(2)职业病患者治疗、疗养计划,职业病患者安排治疗、疗养的资料。

(3)防护用品台账、检验、维护等相关记录。

2.8 安全风险管控及隐患排查治理

安全风险管控及隐患排查治理主要包括安全风险管控、隐患排查治理、预测预警三个部分。

2.8.1 安全风险管控

2.8.1.1 危险源及风险辨识

1. 作业要求

(1) 制定安全风险管理制度,需明确风险辨识与评估的职责、范围、方法、准则和工作程序等内容;对安全风险进行全面、系统的辨识,选择合适的方法定期对所辨识出的存在安全风险的作业活动、设备设施等进行评估,根据评估结果,确定安全风险等级。

(2) 对本单位的设备、设施或场所等进行危险源辨识,确定重大危险源和一般危险源;对危险源的安全风险进行评估,确定安全风险等级。针对安全风险的等级和特点,通过隔离危险源、采取技术手段、实施个体防护、设置监控设施和安全警示标志等措施,对安全风险进行控制,实施分级分类差异化动态管理。

(3) 依据危险源风险等级及危险源分类明确各级责任人;将存在的风险及时告知从业人员,风险等级为重大的,还应对相关人员进行培训。

2. 管理文件资料

(1) 安全风险管理制度、安全风险辨识与评估资料。

(2) 一般危险源风险等级评估表、安全风险控制措施记录表等。

(3) 安全风险告知书、培训记录等。

2.8.1.2 重大危险源管理

1. 作业要求

(1) 对确定为重大风险等级的一般危险源和重大危险源,要"一源一案"制定应急预案,进行重点管控;要按照职责范围报属地水行政主管部门备案,危险化学品重大危险源要按照规定同时报有关应急管理部门备案。

(2) 对重大危险源采取措施进行监控,包括技术措施和组织措施,并在重大危险源现场设置明显的安全警示标志和危险源点警示牌。

(3) 对重大危险源登记建档,定期对重大危险源进行监控。

2. 管理文件资料

(1) 重大危险源应急预案,重大危险源的监控和技术措施、组织保障措施,重大危险源备案资料。

(2) 安全警示标志和危险源警示牌管理台账、检查维护记录。

（3）重大危险源台账、重大危险源动态辨识记录表、检测记录表等。

2.8.2　隐患排查治理

2.8.2.1　隐患排查

1. 作业要求

（1）建立事故隐患报告和举报奖励制度，鼓励、发动职工发现和排除事故隐患，鼓励社会公众举报。对发现、排除和举报事故隐患的有功人员，应给予物质奖励和表彰。

（2）结合安全检查，定期组织排查事故隐患，制定隐患排查方案，明确责任单位、部门、人员、管理职责、范围、方法和要求等；对排查出的隐患确定等级并登记建档，对排查出的隐患要做到通知到位、整改到位、验收到位的闭环管理。

（3）按每月、每季度、每年应对本事故隐患排查治理情况进行统计分析，形成书面报告。

2. 管理文件资料

（1）举报奖励制度及举报奖励表彰记录。

（2）定期组织开展隐患排查活动记录；事故隐患排查方案，对排查发现的隐患进行分析、分级台账。

（3）事故隐患排查治理报告。

2.8.2.2　隐患治理

1. 作业要求

（1）一般事故隐患应立即组织整改排除；重大事故隐患应制定并实施事故隐患治理方案，做到整改措施、整改资金、整改期限、整改责任人和应急预案"五落实"。重大事故隐患治理前，应采取临时控制措施。控制措施应包括：工程技术措施、管理措施、教育措施、防护措施和应急措施；安全管理人员应对重大事故隐患治理过程进行整改监督。

（2）隐患治理完成后，按规定对治理情况进行评估、验收。重大事故隐患治理工作结束后，应组织本单位的安全管理人员和有关技术人员进行评估、验收。

2. 管理文件资料

（1）一般事故隐患整改记录资料；重大事故隐患治理方案，重大隐患治理前采取临时控制措施和应急预案等"五落实"资料。

(2)治理情况效果评估、验收记录。

2.8.3　预测预警

2.8.3.1　作业要求

(1)在接到自然灾害预报时,及时发出预警信息;对自然灾害可能导致事故的隐患采取相应的预防措施。

(2)每季、每年按规定对本单位事故隐患排查治理情况进行统计分析、上报,开展安全生产预测预警。

2.8.3.2　管理文件资料

(1)预警系统或设施发出预警信息的记录;对自然灾害可能导致的事故隐患采取相应的预防措施记录。

(2)每季度及每年按照规定对本单位事故隐患排查治理情况、预测预警记录资料整理、汇总。

2.9　应急管理

应急管理主要包括应急准备和应急运行两部分。

2.9.1　应急准备

2.9.1.1　应急预案

1.作业要求

在危险源辨识、风险分析的基础上,根据《生产经营单位生产安全事故应急预案编制导则》(GB/T 29639—2020)、《水库大坝安全管理应急预案编制导则》(SL/Z 720—2015)等要求,建立健全生产安全事故应急预案体系(包括综合预案、专项预案和现场处置方案),并按规定进行审核和报备。

2. 管理文件资料

各类应急预案(综合应急预案、专项应急预案、现场处置方案);应急预案审核和报备材料。

2.9.1.2 应急保障

1. 作业要求

(1)建立应急管理机构及应急救援队伍,应急管理机构应明确职责、组成以及管理流程,救援队伍应分工明确,救援人员应熟练掌握应急救援的各项要点,熟练使用应急救援器材和工具。

(2)按应急预案的要求,建立应急资金投入保障机制,妥善安排应急管理经费。

(3)储备应急物资,建立应急装备、应急物资台账,明确存放地点和具体数量,对应急装备和物资进行经常性的检查、维护、保养,确保其完好、可靠。

(4)应急保安电源应满足突发事件的要求,其中柴油发电机组应布置在安全高程,并定期进行检查、维护保养。

2. 管理文件资料

(1)应急管理机构成立文件、应急救援队伍名册。

(2)建立应急资金投入保障机制的文件资料,应急资金计划、投入、使用、监管情况记录。

(3)应急装备和应急物资台账,应急装备和应急物资的入库、储存、保管、出库等记录,应急装备和物资定期维护保养记录。

(4)应急保安电源检查、维护和保养记录。

2.9.2 应急运行

2.9.2.1 应急处置

1. 作业要求

(1)发生事故后,立即采取应急处置措施,启动相关应急预案,开展事故救援,必要时寻求社会支援。

(2)应急救援结束后,应尽快完成善后处理、环境清理、监测等工作。

2. 管理文件资料

(1)事故发生后的应急救援开展全过程记录。

（2）事故善后处理、环境清理、监测等各类处理记录。

2.9.2.2　应急评估

1. 作业要求

每年应进行一次应急准备工作的总结评估。险情或事故应急处置结束后，应对应急处置工作进行总结评估。

2. 管理文件资料

年度应急总结评估报告,险情和事故处理、总结评估记录。

2.9.2.3　应急培训演练

1. 作业要求

（1）按照《生产安全事故应急演练基本规范》(AQ/T 9007—2019)每年至少组织一次综合应急预案演练或者专项应急预案演练,每半年至少组织一次现场处置方案演练,做到一线从业人员参与应急演练全覆盖,掌握相关的应急知识。

（2）按照《生产安全事故应急演练评估规范》(AQ/T 9009—2015)对应急演练的效果进行评估,并根据评估结果,修订、完善应急预案。

2. 管理文件资料

（1）年度应急培训演练计划、应急培训演练实施记录。

（2）应急演练评估报告、应急演练效果评估记录、应急预案评估修订记录。

2.10　事故管理

事故管理主要包括事故报告、事故调查和处理、事故信息管理三个部分。

2.10.1　事故报告

2.10.1.1　作业要求

（1）制定生产安全事故报告、调查和处理制度,事故报告、调查和处理制度应明确事故报告(包括程序、责任人、时限、内容等)、调查和处理内容(包括事故调查、原因分析、纠正和预防措施、责任追究、统计与分析等),应将人员伤亡(轻伤、重伤、死亡等人身伤害和急性中毒)、财产损失(含未遂事故)和较大涉险事故纳入事故调查和处理范畴。

(2)发生事故后按照有关规定及时、准确、完整地向有关部门报告,事故报告后出现新情况的,应当及时补报。

2.10.1.2 管理文件资料

(1)生产安全事故报告、调查和处理制度。

(2)事故报告、事故登记、补报记录。

2.10.2 事故调查和处理

2.10.2.1 作业要求

(1)按照《生产安全事故报告和调查处理条例》(国务院 493 号令)及相关法律法规、管理制度的要求,组织事故调查组或配合有关部门对事故进行调查,查明事故发生的时间、经过、原因、人员伤亡情况及直接经济损失等,并编制事故调查报告。

(2)按照"四不放过"(事故原因分析不清不放过,没有制定有效防范措施不放过,有关人员没有受到教育不放过,事故责任人没有处理不放过)的原则,对事故责任人员进行责任追究,落实防范和整改措施。

2.10.2.2 管理文件资料

(1)生产安全事故调查组成立文件,生产安全事故调查记录(事故调查处理报告、事故善后及追责相关资料等)。

(2)事故预防和纠正措施实施记录,事故隐患整改情况跟踪、检查、验证记录。

2.10.3 事故信息管理

2.10.3.1 作业要求

(1)建立完善的事故档案和事故管理台账,并定期按照有关规定对事故进行统计分析。

（2）组织各部门就事故类型、事故性质、事故原因、事故救援措施等进行分析，找出管理中的缺陷，分析事故发生的相关因素，做好预防措施。

2.10.3.2　管理文件资料

（1）事故档案、事故台账。

（2）事故统计分析记录表、事故报表。

第3章 制度化管理

　　管理制度是生产经营单位组织开展各种管理活动的规则。管理制度重点体现的是各种管理工作的组织形式、责任主体、行为规则等内容。管理制度部分的内容主要是：依据现行法律法规及技术标准，根据水电站的实际情况，制定出岗位责任、工程检查、安全监测、维修养护、调度运行、防汛值班等各项管理工作的制度。制度化管理是生产经营单位贯彻国家有关生产法律法规、国家和行业标准，贯彻国家安全生产方针政策的行动指南，是生产经营单位有效防范生产、经营过程中的安全生产风险，保障从业人员的安全和健康，加强安全生产管理的重要措施。制定符合单位自身特点的各岗位、各工种的安全生产规章制度和操作规程，坚持开展文明生产、规范化管理、标准化作业活动，做到安全管理有章可循、有据可依、照章办事的良好局面，规范和提高从业人员的安全操作技能，全面提高生产经营单位的安全管理水平。

　　本章节明确了对标准化创建中所涉及的安全规章制度、安全生产法律法规、标准规范等内容的管理，主要包括法规、标准的识别与获取、规章制度和操作规程的建设，以及对获取的法规、标准，编制的规章制度和操作规程的评估与修订要求。

安全规章制度主要包括制度体系、规章制度编制和制度评估与修订三个部分。

3.1　制度体系

3.1.1　法律法规、标准规范

3.1.1.1　作业要求

明确法规、标准识别归口管理部门,识别和获取适用的安全生产法律法规、标准规范,建立清单并及时更新发布。

3.1.1.2　管理文件资料

(1)明确法律、标准识别归口管理部门的文件或制度;
(2)法律法规、标准规范主要包括但不限于表中内容。
(3)向员工传达、配备及培训记录。

法律法规、标准规范	
1. 安全生产法律	《中华人民共和国安全生产法》;
	《中华人民共和国水法》;
	《中华人民共和国防洪法》;
	《中华人民共和国劳动法》;
	《中华人民共和国劳动合同法》;
	《中华人民共和国消防法》;
	《中华人民共和国道路交通安全法》;
	《中华人民共和国职业病防治法》
	《中华人民共和国工会法》;
	《中华人民共和国突发事件应对法》;
	《中华人民共和国防震减灾法》;
	其他适用的安全生产法律

法律法规、标准规范	
2. 安全生产行政法规	《建设工程安全生产管理条例》； 《安全生产许可证条例》； 《国务院关于特大安全事故行政责任追究的规定》； 《工伤保险条例》； 《中华人民共和国防汛条例》； 《中华人民共和国抗旱条例》； 《建设项目环境保护管理条例》； 《突发公共卫生事件应急条例》； 《中华人民共和国河道管理条例》； 《中华人民共和国水文条例》； 《生产安全事故应急条例》； 《生产安全事故报告和调查处理条例》； 其他适用的安全生产行政法规
3. 安全生产部门规章	《水利工程建设安全生产管理规定》； 《水利工程质量管理规定》； 《水行政许可实施办法》； 《水行政处罚实施办法》； 《水利基本建设项目稽察暂行办法》； 《建设项目安全设施"三同时"监督管理暂行办法》； 《生产安全事故应急预案管理办法》； 《生产经营单位安全培训规定》； 《生产安全事故应急预案管理办法》； 《水闸注册登记管理办法》； 其他适用的安全生产部门规章

法律法规、标准规范	
4. 安全生产规范性文件	《国务院安委会关于进一步加强安全培训工作的决定》； 《国务院安委会办公室关于大力推进安全生产文化建设的指导意见》； 《国务院安委会关于深入开展企业安全生产标准化建设的指导意见》； 《水利部关于印发〈水利安全生产标准化评审管理暂行办法〉的通知》； 《关于印发〈水利工程建设安全生产监督检查导则〉的通知》； 《关于印发〈水利行业开展安全生产标准化建设实施方案〉的通知》； 《水利部发布〈关于加强农村水电建设管理的意见〉》； 《水利部关于进一步加强水利安全生产监督管理工作的意见》； 其他适用的安全生产规范性文件
5. 安全生产标准规范	《农村水电站运行管理技术规程》（DB33/T 809—2010）； 《农村水电站技术管理规程》（SL 529—2011）； 《水电站大坝运行安全管理规定》（国家电力监管委员会令第 3 号）（有坝高 15 m 以上大坝或库容 10 万 m^3 以上水库时适用）； 《电力设备预防性试验规程》（DL/T 596—2021）； 《电力安全工作规程（发电厂和变电所电气部分）》（GB 26860—2011）； 《水轮机运行规程》（DL/T 710—2018）； 《水轮发电机运行规程》（DL/T 751—2014）；

续表

法律法规、标准规范	
5. 安全生产标准规范	《企业安全生产标准化基本规范》（GB/T 33000—2016）； 《施工企业安全生产管理规范》（GB 50656—2011）； 《生产经营单位生产安全事故应急预案编制导则》（GB/T 29639—2020）； 其他适用的安全生产标准规范
6. 地方标准规范、文件	《广东省水利工程管理条例》； 《广东省工程建设安全监督暂行规定》； 《广东省河道堤防管理条例》； 《广东省安全生产条例》； 《关于修改〈广东省安全生产监督管理局关于《生产安全事故应急预案管理办法》的实施细则〉的通知》； 《关于印发〈广东省安全生产监督管理局生产安全事故应急预案备案程序〉的通知》； 其他适用的地方标准

3.1.2 操作规程

3.1.2.1 作业要求

（1）应根据相关规程规范，并结合电站实际，组织从业人员参与，编制现场运行规程、现场检修规程等。

（2）安全操作规程发放到相关班组、岗位，并对员工进行培训和考核。

3.1.2.2 管理文件资料

（1）安全操作规程主要包括但不限于下表中内容。

规程目录	
1. 运行规程	水电站大坝安全运行规程； 水轮发电机运行规程； 电力变压器运行规程； 水轮机调速器及油压装置运行规程； 变电（开关）站运行规程； 继电保护和安全自动装置运行规程； 蓄电池直流电源装置运行规程； 计算机监控系统运行规程； 微机继电保护运行规程； 其他适用的运行规程
2. 检修及试验规程	水工建筑物维护及检修规程； 水力机械维护及试验规程； 电气设备维护及试验规程； 金属结构维护及试验规程； 通信维护及检测规程； 水轮发电机组启动试验规程； 继电保护和安全自动装置维护、试验规程； 电力变压器检修及试验规程； 蓄电池直流电源装置维护技术规程； 计算机监控系统维护规程； 其他适用的检修规程
3. 安全操作规程	水轮发电机组运行操作规程； 电气倒闸操作安全规程； 电力变压器运行操作规程；

规程目录	
3. 安全操作规程	机械倒闸操作安全规程；
	启闭机安全操作规程；
	起重机安全操作规程；
	电焊切割作业安全规程；
	电气防误闭锁装置安全操作规程；
	其他适用的安全操作规程

(2)安全操作规程发放、培训和考核记录。

3.1.3　规章制度

3.1.3.1　作业要求

(1)建立和健全安全生产规章制度。

(2)将安全生产规章制度发放到相关工作岗位,并组织培训。

3.1.3.2　管理文件资料

(1)规章制度主要包括但不限于以下：① 目标管理；② 安全生产责任制；③ 安全生产投入；④ 安全生产信息化；⑤ 文件、记录和档案管理；⑥ 新工艺、新技术、新材料、新设备管理；⑦ 教育培训；⑧ 班组安全活动；⑨ 特种作业人员管理；⑩ 设备设施管理；⑪ 运行管理(包括操作票、工作票、交接班、设备巡回检查、设备定期试验轮换等)；⑫ 检修管理；⑬ 电站主要建筑物和设备巡查；⑭ 安全设施和安全标志管理；⑮ 消防安全管理；⑯ 交通安全管理；⑰ 相关方管理；⑱ 防洪度汛安全管理；⑲ 职业健康管理；⑳ 劳动防护用品(具)管理；㉑ 安全风险管理、隐患排查治理制度；㉒ 重大危险源管理；㉓ 应急管理；㉔ 事故报告及事故调查处理制度；㉕ 安全生产报告；㉖ 绩效评定管理。规章制度内容可参照《农村水电站安全生产标准化建设指导书》运行管理制度汇编。

(2)安全生产规章制度发放、培训记录。

3.2　规章制度编制

3.2.1　编制要求

(1)管理制度相关内容应符合法律法规、规程标准要求,根据工程实际情况,详尽梳理工程所有管护内容和事项,确保管护内容和事项全覆盖、无遗漏,作为岗位设置、人员落实、流程设计、制度建设等的基础,实现管护无死角,所有内容事项都能落实到岗、到人。

(2)应结合单位实际情况制定各项制度,管理制度内容中应明确执行主体、责任主体、工作内容、工作要求、生效与修订等内容。制度制定后,及时进行修改、完善。

3.2.2　编制示例

3.2.2.1　安全生产目标管理制度

1.目的

根据相关法律法规、通知等文件,结合电站实际情况制定安全生产目标管理制度。

2.适用范围

本制度适用于电站的管理机构、班组、人员。

3.安全生产目标管理及职责

安全生产目标管理及职责根据电站实际情况,按管理层、执行层、操作层分解,按组织体系分解为电站、班组、人员等层次。

4.安全生产目标的制定

安全生产目标包括总体目标和年度目标;安全生产总体目标根据电站中、长期的生产经营状况(规模、产能、人员、设施设备变化等)制定;年度安全生产目标应该每年在充分总结评估上年度安全生产标准化工作和安全生产管理情况的基础上,制定出持续改进的目标。

5. 安全生产目标的分解

安全生产目标分解的原则根据电站实际情况,按管理层、执行层、操作层分解,按组织体系分解为电站、班组、人员等层次。

6. 安全生产目标的控制

(1)制定安全生产目标控制程序。

(2)制定安全生产目标控制内容和措施。

7. 绩效考核

定期开展对安全生产目标完成效果的评估工作,依据全年各部门月考核、年度考核结果,对各科室及班组安全生产目标进行考核奖惩。

8. 附则

本制度通过正式文件发布,自发布之日起执行。

3.2.2.2　安全生产责任制度

1. 目的

根据相关法律法规、通知等文件,规范各人员的安全职责,做到各司其职、各负其责,密切配合,共同做好安全生产工作,结合电站实际情况制定安全生产责任制度。

2. 适用范围

本制度适用于电站的管理机构、班组、人员。

3. 安全生产职责

安全生产责任制度根据电站实际情况,按管理层、执行层、操作层分解,按组织体系分解为电站、班组、人员等层次。主要负责人全面负责安全生产工作,并履行相应责任和义务;分管负责人应对各自职责范围内的安全生产工作负责;各级管理人员应按照安全生产责任制的相关要求,履行其安全生产职责。运行管理班职责示例如下:

负责电站的正常运行管理工作;负责供电系统和线路的管理及维护工作;负责机电设备的专项维修和日常检查维护工作;负责自动化监控系统的管理和维护工作;负责修订运行管理规程,编写维修养护计划,健全安全生产规章制度,编制设备维护管理规范工作;负责领导临时交办的其他工作。

4. 考核

定期开展对安全生产职责完成效果的评估工作,依据全年各部门月考核、年度考核结果,对各科室及班组安全生产职责进行考核奖惩。

5. 附则

本制度通过正式文件发布,自发布之日起执行。

3.2.2.3 安全生产信息化管理制度

1. 总则

为规范信息化建设的管理,提高信息化管理水平,实现科学化、精细化、标准化管理,提高工作质量和效率,结合本电站实际情况,制定本制度。

2. 管理及职责

网络信息管理人员应按照安全生产责任制的相关要求,负责安全生产信息化管理具体执行工作;所有操作人员服从安全生产信息化管理,由各班组长具体执行。

3. 管理要求

管理要求包括:计算机病毒防范,计算机网络系统安全管理,账号管理,计算机机房“四防”工作,计算机硬件、软件和数据管理,计算机操作管理,信息系统设备及网络管理,信息资源共享与安全保密等。

4. 附则

本制度通过正式文件发布,自发布之日起执行。

3.2.2.4 安全投入管理制度

1. 总则

根据有关法律法规的规定,确保安全生产投入,加强安全生产费用财务管理,维护企业、职工以及社会公共利益,确保企业生产、经营活动正常有序地开展,结合电站的实际情况,特制定本制度。

2. 安全投入的提取与使用

(1)安全生产费用是指电站按照规定标准提取,在成本中列支,专门用于完善和改进安全生产条件的资金,安全生产费用优先用于安全生产措施的实施和为满足达到安全生产标准而进行的整改。

(2)安全生产投入及费用的提取和使用应当按照“项目计取、确保需要、企业统筹、规范使用”的原则进行管理,将安全费用纳入财务计划,保证专款专用,并督促其合理使用。

(3)安全生产费用应保证专款专用。

(4)建立安全费用台账,记录安全生产费用的费率、数额、支付计划、经费使用报告、安全经费提取和使用情况年度报告。

3. 附则

本制度通过正式文件发布,自发布之日起执行。

3.2.2.5 文件档案和记录管理制度

1. 总则

根据有关规定,为了保证电站的往来公文、会议记录、安全活动记录、检查记录、统计记录、人事材料、技术规程标准、技术文档、技术图纸、影音资料、电子文档等各项档案文件,安全、完整、准确、科学地归档、保管、借阅,根据本电站的实际情况,特制定本制度。

2. 档案管理机构

档案管理工作由电站负责。档案管理按照集中统一管理的原则,设立档案室。

3. 档案管理人员的职责

(1)档案管理人员应具有高度的责任心,确保归档的各项档案资料安全、完整、准确。

(2)认真钻研业务,提高档案管理水平,科学管理档案。

(3)做好日常的档案接收、分类、登记、保管、借阅、发放等工作。

(4)遵守保密制度,对涉密的档案做好保密工作。

(5)严格执行档案的归档、保管、借阅、发放制度。

(6)保持档案室内整洁、卫生,对破损或变质的档案,要及时修补和提出复制。

(7)不得私自销毁档案。

4. 档案的归档

(1)档案应分类归档,可按下列内容分类。

档案分类包括工程档案、运行管理档案、各类安全活动记录档案、人事档案、财务档案、各类公文、各类规程、各类标准、各类规范、各类参考文献、各类书籍等。

(2)各类档案由各职责部门负责管理。

5. 档案的保管和借阅

(1)档案应存放于档案室的档案柜中,档案室应防火、防盗、防潮,室内应通风干燥。

(2)档案管理员对接收来的档案进行分类、编目、登记、统计和必要的加工管理,编制"档案查阅目录"。

(3)认真执行档案的保管检查制度,每年年底全面检查、清理一次,做到账档一致。

(4)做好档案的安全、保密工作,并履行批准和借阅手续。

(5)凡借阅重要的档案,要由主管领导批准后方可借阅。借阅者必须妥善保管,不得遗失。

(6)因生产需要都可借阅技术档案。由管理人员填写"文件借阅登记表",借阅人员签字后,方可使用。用后按期归还,经管理人员检查后,方可办理注销手续。

(7)借阅者应保持档案的完整、安全、整洁,不得转借、拆散、涂改、抽换和丢失。

6.档案的鉴定、销毁制度

(1)档案鉴定工作必须严肃认真,在文件的存、毁难以确定时,要坚持"保存从宽,销毁从严"的原则,防止把有价值的文件销毁。

(2)档案的销毁应经过严格鉴定,确已失去价值的档案,经主管科室领导审核,报领导批准后方可销毁。

(3)建立销毁登记表,对拟销毁的档案进行登记。

(4)档案销毁现场应有两人以上监督,严禁私自销毁档案。

7.附则

本制度通过正式文件发布,自发布之日起执行。

3.2.2.6 "四新"(新工艺、新技术、新材料、新设备)管理制度

1.总则

根据《农村水电站安全生产标准化评审标准》,为保证在采用"四新"(新工艺、新技术、新材料、新设备)时处于可控状态,保障原有系统运行稳定。结合本电站实际情况,特制定本制度。

2.管理及职责

(1)"四新"管理由电站主要负责人负责,组织相关班组及技术人员对"四新"进行考察、论证及报批。

(2)安全管理部门负责"四新"引入过程中的风险评估、对策评价、训练教育等环节督导。

(3)运行班负责组织编制或修订相应的安全操作规程,并确保其适宜性和有效性。

（4）检修班组负责对"四新"进行维护保养。

3."四新"管理

1）"四新"的引入

（1）"四新"成果的应用,必须采用经国家法定专业机构鉴定和认证通过的,并有成熟经验的,拥有合法商标或注册的产品(产权)。

（2）新材料采购必须首先进行验收,应由使用班组和电站参与认定。必须在材料质量得到保证的情况下再进行正式采购。

（3）本着"谁使用、谁负责,谁批准、谁监管"原则,需求或使用班组负责"四新"引进过程中的安全可行性及应对措施研拟,并组织专业评估;安全生产管理部门负责各环节的具体监督管理。

2）管理内容及要求

新工艺、新技术、新材料、新设备投入使用前,组织编制或修订相应的安全操作规程,并确保其适宜性和有效性。

（1）"四新"引进过程属于变更管理中的重要环节,其各项手续办理必须遵循现行安全和职业卫生管理要求的约束,不得私改标准或省略工作步骤。

（2）采用新工艺、新技术、新材料或使用新设备的班组,需事先充分调研,了解、掌握其安全技术特性,采取有效的安全防护措施,并对从业人员进行专门的安全生产教育和培训。

（3）"四新"的应用及特殊项目(过程)的施工控制必须编制施工方案,作为特殊情况单独编制方案,并按要求逐级报审。

（4）"四新"在应用前及特殊项目(过程)前,还必须对专用设备及计量器具进行适用性、安全性的鉴定与认证,具体事项由检修班协调解决。

（5）"四新"的应用及特殊项目,在各级技术交底书中应明确详细地列入其中,并应由责任人签字。

（6）"四新"项目的应用及特殊项目(过程)的实施,应处于质量保证体系的全面监控之下,事先由实施班组进行分析,采用全面质量管理的办法进行分部分项工程的施工全过程控制。

（7）"四新"项目的应用及特殊项目(过程)的实施,在实施期间出现缺陷,应由安全生产管理部门组织,会同有关班组按合同规定及国家行业的有关法规进行处理,保证该项目工程质量及使用功能的修复,并总结经验。

（8）"四新"设施投入使用前,应对有关岗位操作人员进行专门的安全教育和培训。

（9）"四新"岗位操作人员转岗,离岗一年以上重新上岗者,应进行车间(工段)、班组安全教育培训,经考核合格后,方可上岗工作。

(10)在"四新"设施投入使用前,组织制定、修订相应的运行操作规程,确保其适宜性和有效性。

4.附则

本制度通过正式文件发布,自发布之日起执行。

3.2.2.7　安全教育培训管理制度

1.总则

为了加速职工队伍安全文化教育建设,牢固树立职工安全意识,提高职工事故防范以及安全生产自我保护的能力,预防事故发生,努力造就一支高素质的职工队伍。结合实际情况,制定本制度。

2.管理及职责

(1)安全教育重点内容是职业道德教育、职工安全技能培训、现场操作规程和安全生产技术等的教育培训。

(2)安全教育培训及持证上岗管理由安全管理部门负责。

3.教育培训管理

(1)生产教育培训对象为全体员工,并突出如下重点:

①应结合工作实际,采取多种形式对员工进行专业技术培训和有关规程学习。

②新进电站人员必须经过三级教育培训,并经考试合格后上岗,并履行上岗手续。

③运行、检修人员因工作调动或其他原因离岗超过3个月者,重新上岗前,应考试合格,并履行相关手续。

④在新设备、新技术、新工艺、新材料使用之前,应对相关人员进行培训。

⑤对外来跟班培训、外来临时工及外来施工人员应进行安全教育,履行相应的手续,在监护人的带领下,方可进入作业区。

⑥变动工种的生产人员,必须接受新工种的教育培训,并经考核合格后上岗。

⑦电站主要负责人及专(兼)职安全员,应当接受相应的安全生产知识和管理能力培训。

⑧从事特种作业的人员,必须按照国家有关规定经专门的安全作业培训,取得相应资格,方可上岗作业。

(2)培训学习考试成绩记入个人教育培训档案,考试不及格者应限期补考,合格后方可上岗。

(3)安全管理部门每年组织进行应急疏散演习,消防专业责任人负责对消防知识、技能教育培训。

(4)开展"安全生产月"活动,每年举办《电业安全工作规程》教育学习、考核,并组织安全知识竞赛等活动。

4. 考核

任何班组和个人都有安全教育培训的权利和义务,对不认真执行《教育培训及持证上岗管理制度》的行为,按本单位有关规定处理。

5. 附则

本制度通过正式文件发布,自发布之日起执行。

3.2.2.8　班组安全活动管理制度

1. 总则

为使各班组安全日活动更有实效,真正达到员工自我教育、自我管理的目的,使班组安全活动日制度化,特制定本制度。

2. 管理及职责

班组安全活动管理及职责根据电站实际情况,按管理层、执行层、操作层分解,按组织体系分解为电站、班组、人员等层次。

3. 管理要求

(1)安全活动要做到有领导、有内容、有记录,单位领导和安全员要对记录进行检查和签字,并写出评语。安全生产领导小组应定期检查。

(2)部门领导必须参加班组安全活动,主要领导应定期参加基层班组的安全日活动。

(3)要充分发挥安全员的作用,落实班组安全员的安全职责,提高活动效果。

(4)安全管理部门应定期开展日常检查和考核,并将结果纳入安全生产目标考核中。

4. 附则

本制度通过正式文件发布,自发布之日起执行。

3.2.2.9　特种作业人员管理制度

1. 总则

为加强特种作业人员的管理,提高特种作业人员的安全素质,防止伤亡事故,促进安全生产,特制定本制度。

2. 管理及职责

有关职责部门负责对全站特种作业人员的需求审核和岗位核定,安全生产领导小组负责对特种作业人员的生产作业活动进行监督和指导。

3. 管理要求

(1)使用特种作业人员的部门应建立特种作业人员管理档案,不得随意变动特种作业人员的岗位。如遇作业者本人不适合该工作岗位,或因生产实际需要变动必须事先报告站部领导,领导批准后方可变动。

(2)特种作业人员必须持证上岗,严禁无证操作。特种作业人员在独立上岗作业前必须按照国家有关规定,进行与本工种相适应的专业技术理论学习和实践操作训练,经有资质的专业培训考核合格后,持有关行政管理机构核发的有效操作证件方能上岗作业。

(3)特种作业人员应熟知本岗位及工种的安全技术操作规程,严格按照规程进行操作。

(4)特种作业人员作业前须对设备及周围环境进行检查,清除周围影响安全作业的物品,严禁设备没有停稳时进行检查、修理、焊接、加油、清扫等违章行为。焊工作业(含明火作业)时必须对周围的设备、设施、物品进行安全保护或隔离,严格遵守厂内用电、动火审批程序。

(5)特种作业人员必须正确使用个人防护用品(用具),严禁使用有缺陷的防护用品(用具)。

(6)进行安装、检修、维护等作业时,必须严格遵守安全作业技术规程。作业结束后必须清理现场残留物,关闭电源,防止遗留安全隐患。

(7)因作业疏忽或违章操作而造成安全事故的,视情节按照有关规章制度追究责任人责任或移交司法机关处理。

(8)特种作业人员在操作期间发觉视力障碍、反应迟缓、体力不支、血压上升、身体不适等有危及安全作业的情况时,应立即停止作业,任何人不得强行命令或指挥其进行作业。

(9)特种作业人员在工具缺陷、作业环境不良的生产作业环境中,且无可靠防护用品和无可靠防护措施的情况下,有权拒绝作业。

(10)各部门应加强规范化管理,对特种作业人员生产作业过程中出现的违章行为,及时进行纠正和教育。

(11)特种作业人员要保持相对稳定,不准随便调离,如需要调离必须事先报告单位主要负责人同意批准。

（12）在电站范围内从事特种作业的外来人员，应当遵守本规定。

4. 培训管理

（1）管理班负责特种作业人员的培训、取证、复审工作的组织和联系。

（2）各部门负责本部门特种作业人员日常管理和培训教育工作，运行班负责特种作业人员的调配及安全培训。

（3）各部门需要增加使用特种作业人员，书面报告电站主要负责人批准备案后，管理班组织安排培训和考核。

（4）特种作业人员在实习期间，各班组必须指定监护人，在监护人严格的指导下从事实际操作，严禁单独上岗操作。特种作业监护人对特种作业学员实习期间的培训负有全面责任。

（5）特种作业人员实习期满后，管理部门应及时做出培训计划和体检计划，体检合格后安排相关人员进行安全技术培训取证。申请特种作业取证人员应备齐培训所需的材料，按时间要求参加相应工种培训。

（6）特种作业人员的培训（复训）考核，由市特种设备安全技术培训中心等部门进行。考核不合格者可进行补考，补考费用自理；补考仍不合格者调配岗位。

（7）特种作业人员在培训期间，所在部门必须安排其参加脱产培训，受培训人员必须按时参加学习和考核。

（8）资格证的原证由管理班统一保管，特种作业人员保管其复印件。复印件在操作过程中与原件具有同等效力不得丢失或损坏。一旦发生丢失或损坏必须立即报告，缴纳工本费后补发。

（9）特种作业人员必须在资格证规定的工种作业范围内，从事独立作业，并随身携带其复印件，接受上级部门和单位安全生产管理人员的监督检查。

（10）新调入本单位的从事特种作业而持有原工作所在地有关部门核发的操作证者，应到单位登记备案。

（11）每年由管理班组织特种作业人员进行安全知识、操作技能和应急能力培训，考核内容及时更新，考核情况记入特种作业人员管理档案。

（12）单位应定期识别特种作业人员培训需求，制定培训计划，每年年末报下年度的培训计划，报主要负责人批准后，由管理班组织实施，实施结束后进行培训效果评价。

（13）应健全特种作业人员管理台账及档案，做好特种作业人员年审复训计划，及时安排特种作业人员参加体检及复审培训。

（14）操作证的有效期为两年，持证人员每两年必须进行一次年审复训，复审合格的由复审单位签章、登记、予以确认。

(15)特种作业人员应熟知本岗位及工种的安全技术操作规程,严格按照相关规程进行操作。严重违章或造成事故者取消作业资格。

(16)特种作业人员资格证书不得涂改、转借,资格证书丢失应报主管部门备案、补办。特种作业人员连续六个月不从事本工种作业资格证书作废,需重新培训取得资格证书后方可上岗作业。

5.附则

本制度通过正式文件发布,自发布之日起执行。

3.2.2.10　设备设施管理制度

1.总则

根据《水利部关于印发〈农村水电站安全生产标准化达标评级实施办法(暂行)〉的通知》(水电〔2013〕379号)要求,明确本单位机电设备实行专人负责制,完善各设备管理体系,特制定本制度。

2.管理内容

(1)所有机电设备实行主人责任制。

(2)每台设备有专人巡回检查,以确保设备的健康运行水平。

(3)设备主人责任制由运行各值班运行人员按专业和设备管辖区进行分类,必须做到每台设备都有人负责,建立设备主人台账档案。

(4)设备主人责任制台账的建立由运行各班牵头,检修班配合。

(5)设备主人铭牌的制作由运行各值根据设备主人台账规格要求进行制作,由检修班按要求规范安装。

(6)运行人员在设备主人责任制中的职责:

①设备主人要组织对所管辖设备日常卫生工作进行监督检查。该清扫的清扫,不该清扫的在年度大修中清扫。

②设备主人要组织加强对所管辖设备的巡回检查。

③设备主人应及时发现所管辖设备存在的缺陷并及时联系检修班对设备进行销毁,确保设备可靠运行。

④设备主人应确保所管辖设备的正常运行。

3.设备主人分工

设备主人分工见设备主人台账。

4.轮换方法

定期轮换。如设备主人调岗、调动由该责任班组接任人员续管。

5.考核

(1)设备存在卫生问题,对设备主人的责任班组按没有完成工作论处。

(2)设备未定期进行巡回检查。有问题的设备,未及时发现的,对设备主人的责任班组按没有完成工作论处。

(3)设备缺陷汇报不及时,对设备主人的责任班组按没有完成工作论处。

6.附则

本制度通过正式文件发布,自发布之日起执行。

3.2.2.11　运行管理制度

1.目的

为规范运行管理工作,落实水电站安全生产标准化管理要求,实现设备安全、稳定运行,特制定本制度。

2.适用范围

本制度适用于电站的运行管理。

3.运行管理定位及基本要求

所有与运行设备有关的工作,均纳入运行管理业务范畴,主要包括:运行设备的日常管理;组织、指挥生产事故的处理;负责接受并正确执行上级调度的各项指令;负责优化电站的运行方式,实现效益最大化;负责单位生产类报表的填报;负责运行设备的安全稳定运行。

4.运行管理目标

确保运行设备的安全稳定运行,不发生非计划停运事件,在实际工作中落实"运行四化"的各项要求,即例行工作实现程序化、运行操作实现规范化、指标控制实现精细化、岗位工作实现全能化。

5.主要内容

阐述运行管理工作的定位、特点和基本要求,明确运行管理中的具体工作事项,主要包括规范化值班工作、两票三制工作、运行报表管理工作、设备巡检管理工作、设备定期试验轮换、优化运行管理工作事项等。

6.附则

本制度通过正式文件发布,自发布之日起执行。

3.2.2.12　设备检修管理

1.总则

根据《农村水电站技术管理规程》(SL 529—2011)的要求,规范电站设备检修、试验和轮换管理,结合本单位实际情况,特制定本制度。

2. 管理及职责

设备检修管理及职责根据电站实际情况,按管理层、执行层、操作层分解,按组织体系分解为电站、班组、人员等层次。

3. 设备检修管理制度

(1)一般检修应符合下列要求:

①设备检修应贯彻"预防为主"的方针,坚持"应修必修,修必修好,质量第一"的原则。

②设备检修宜安排在枯水季节。

③设备检修应采用先进工艺和技术,缩短检修工期,确保检修质量。

④应根据发电设备的健康状况,制定检修计划,并按计划执行,逐步由周期检修过渡到状态检修。

(2)定期检修应符合下列要求:

①根据厂家要求和设备运行状况制定定期检修计划。

②检修分为 A、B、C、D 四个等级。

③检修前应深入现场,充分了解运行设备存在的问题,分析原因,为检修提供依据。

④定期检修应确定类别,制定检修工艺流程,经生产主管领导批准后实施。

⑤检修质量应符合有关规程要求。

⑥检修后的设备应进行检测、试验,经验收合格后方可投入运行。

⑦检修、测试、试验有关技术资料应存档。

(3)事故抢修应符合下列要求:

①应结合实际制定典型事故抢修预案,需经本单位生产主管班组审核批准。典型事故抢修预案批准后,应落实到每个抢修人员,明确各自的职责。

②应建立健全事故抢修机制、保证电站设备、设施发生事故时,能快速组织抢修与处理。

③用于事故抢修的工器具、照明设备应由专人保管、维护,并定期进行检查、试验。

4. 设备切换试验与轮换管理

(1)设备的定期切换试验与轮换制度是检查设备运行状况,提高备用设备可靠性的重要手段,是保证安全生产的一项重要工作。

(2)除自动轮换运行的设备外,需手动轮换的设备由运行值班员定期轮换与试验,数据及轮换的结果由值班员记录到值班记录中和"设备试验轮换记录表"中并签字。

(3)对系统有影响的电气设备轮换试验应请示班长联系有关单位后方可进行。

(4)试验与轮换应执行操作监护制度,一人操作,一人监护,特殊试验有关人员必须到现场监督。

(5)厂用变压器的轮换,要经生产技术负责人同意后方可进行。

(6)设备试验与轮换过程中运行工况应稳定,并做好专业、工序间的联系和配合,确保试验数据的准确和操作过程中的安全。

(7)试验与轮换工作应严格执行操作票制度。

(8)试验与轮换后的设备要具备备用条件。

(9)因故不能试验与轮换的设备或项目,要将其原因记录在值班记录和设备试验轮换记录表内,等具备试验或轮换条件时补做。

(10)试验中发现问题及时联系有关科室处理,不应无故拖延,并做好异常情况记录。

(11)机组大小修前后及设备改进前后的试验工作应按运行规程规定或相关试验规范进行。

(12)各种试验工作的进行不得违反《电业安全工作规程》,应确保人身和设备的安全,试验前应做好相关工作,试验后应恢复原运行方式,因故不能恢复原运行方式的,应记录。

5.附则

本制度通过正式文件发布,自发布之日起执行。

3.2.2.13　危险物品管理制度

1.总则

为规范电站范围内的民用爆炸物品、危险化学品及放射性物品(简称危险物品)的管理,预防涉危物品事故,特制定本制度。

2.机构和职责

危险物品管理及职责根据电站实际情况,按管理层、执行层、操作层分解,按组织体系分解为电站、班组、人员等层次。

3.危险物品的采购与运输

(1)相关规定报经当地公安等有关部门审批后,到国家许可的专门生产厂家或定点经营单位购买。

(2)危险物品的运输应委托具有相应资质的运输单位承运。运输危险物品的驾驶员、装卸人员和押运人员必须了解所运载物品的性能、危害特性、包装特性和发生意外时的应急处置措施。

(3)危险物品在运输途中发生被盗、丢失、流散、泄漏等情况时,承运人及押运人员必须立即向当地公安部门报告,并采取一切可能的警示、施救、补救措施。

(4)危险物品运达交货地点后,负责运输的人员与收货方要办理交接验收、签字确认手续。发现短缺、丢失或被盗现象,要在验收签字时记录清楚,明确责任,并报告有关部门。

(5)民用爆炸物品运输规定:

①民用爆炸物品应用专用车辆运输,并配备安全员、押运员对运输全程进行监控。禁止用翻斗车、三轮车、摩托车、自行车、拖拉机等运输爆炸物品。

②起爆器材和炸药必须分车运输,载重量不准超过额定载重量,不准同时运载人员或其他货物。

③运输车辆必须按照规定路线行驶并遵守运输过程中的相关规定。

4. 危险物品的储存与保管

(1)存放危险物品的仓库、储存室必须单独设置,与生产、生活区域和重要设施的安全距离、建设标准、防护标准、监控、通信和报警装置等应符合国家有关规定,经公安机关等有关部门验收合格后方可投入使用。

(2)危险物品仓库应设置明显的安全警示标志,禁止携带火种进入危险物品仓库。

(3)危险物品仓库应根据储存物品种类采取通风、防晒、调温、防火、灭火、防爆、泄压、防毒、消毒、中和、防潮、防雷、防静电、防腐、防渗漏、防小动物或隔离等措施。

(4)危险物品仓库根据物品不同的属性配置相应的消防设施、设备和器材,并定期对库房的安全消防设施进行监测检查。

(5)危险物品必须储存在专用的仓库,除专用库房外其他任何地方不得存放。

(6)危险物品仓库还应遵守以下规定:

①建立出入库检查、登记制度。收存和发放危险物品必须进行登记。

②库房内储存的物品数量不得超过设计与批准的容量。性质相抵触的危险物品,必须分库储存。库房内严禁存放其他物品。

③严禁无关人员进入库区。严禁在库区吸烟、用火、携带火种及使用可能

产生静电的通信设备。严禁把其他容易引起燃烧、爆炸的物品带入仓库。严禁在库房内住宿和进行其他活动。

④仓库的避雷、接地装置每年雷雨期前至少检测一次,其安全值应在规定的范围内。

⑤库房保管人员应严守工作岗位,严格执行交接班清点盘库、签字确认制度。发现危险物品丢失、被盗,必须立即报告。

⑥变质和过期失效的危险物品,应及时清理出库,予以销毁。在销毁前要登记造册,提出实施方案,向所在地市、县公安机关或环境保护部门备案,在有关部门指定的地点妥善销毁。

⑦危险化学品库、放射性物质储存室应配备有相应的防护设施和个人防护装备,库管人员应熟练掌握其使用方法。

⑧制定应急预案并进行相应的演练,库管人员应掌握应急程序和报警方式。

5.附则

本制度通过正式文件发布,自发布之日起执行。

3.2.2.14　安全设施和安全标志管理

1.总则

根据《水利部关于印发〈农村水电站安全生产标准化达标评级实施办法(暂行)〉的通知》(水电〔2013〕379号)、《农村水电站技术管理规程》(SL 529—2011),为规范安全设施和安全标志管理,结合电站实际情况,特制定本制度。

2.管理及职责

安全设施和安全标志管理及职责根据电站实际情况,按管理层、执行层、操作层分解,按组织体系分解为电站、班组、人员等层次。

3.管理内容与要求

(1)安全标志的含义与概念。

①安全标志:是由安全色、边框、以图像为主要特征的图形符号或文字构造表达特定的安全信息。

②补充标志:是安全标志的文字说明,必须与安全标志同时使用。

③禁止标志:是禁止或制止人们想要做的某种动作。

④警告标志:是促使人们提防可能发生的危险。

⑤命令标志:是必须遵守的意思。

⑥提示标志:是提供目标所在位置与方向性的信息。

(2)生产现场安全标志悬挂、应用范围。

生产现场安全标志悬挂、应用范围主要分为以下内容：

①禁止标志悬挂及应用范围。

②警告标志悬挂及应用范围。

③指令标志悬挂及应用范围。

④提示标志悬挂及应用范围。

⑤消防及其他标志悬挂及应用范围。

⑥导向箭头标志悬挂及应用范围。

⑦限速标志悬挂及应用范围。

⑧其他标志悬挂及应用范围。

⑨安全警示线配置及应用范围。

(3)安全标志设置、使用一般要求：

①安全标志应设在醒目且与安全有关的地方，并尽量与人眼的视线高度一致。使大家看到后有足够的时间来注意它所表示的内容。

②安全标志不宜设在门、窗、架等可移动的物体上，以免这些物体位置移动后，看不见安全标志。

③多个安全标志牌一起设置时，应按禁止、警告、指令、提示类型的顺序，按先左后右、先上后下排列。

④使用班组应加强管辖范围内安全标志牌的日常检查维护，沾满灰尘、油脂类等污垢的安全标志牌，应及时清理干净，以确保其所表达的安全信息明确无误。

(4)安全标志的一般管理要求：

①安全标志的几何图形、尺寸、字体、颜色必须符合国家标准。

②安全标志的购买、设置、悬挂安装由检修班负责。

③现场安全标志应定制分类挂放。

④安全标志必须清洁、完整，损坏的图形、字迹模糊的安全标志应停止使用并更新。

⑤安全标志因检修需要暂时取下，检修结束后应立即恢复。

⑥检修设备上运行人员挂的警告牌(标志牌)，由于设备检修而被工作人员取下，该工作人员应将取下的警告牌(标志牌)妥善保管好，检修结束后仍挂回原处。

⑦运行人员拆除安全标志后，应将安全标志放回原处。

⑧任何电气设备上的安全标志，除原来放置人员或负责运行的值班人员

外,其他任何人员不准移动。

(5)现场安全设施规范。

现场安全设施主要包括以下内容:

①固定防护围栏。

②临时防护遮栏。

③临时提示遮栏。

④孔洞盖板。

⑤爬梯遮栏。

⑥防小动物板。

⑦其他。

(6)设备及安全工器具设施规范。

设备及安全工器具设施主要包括以下内容:

①电气设备。

②主设备。

③其他。

4. 安全设施与标志的检查

(1)安全生产管理部门定期组织对安全设施与安全标志的检查。

(2)检查安全设施和安全标志是否完好,如发现安全设施或安全标志损坏,应及时通知检修班处理。

5. 附则

本制度通过正式文件发布,自发布之日起执行。

3.2.2.15 消防安全管理

1. 目的

为了加强消防监督管理,保障职工的生命和财产的安全,根据《中华人民共和国消防法》等有关法律法规的规定,结合本单位实际情况,特制定本制度。

2. 适用范围

本制度适用于电站的管理机构、班组、人员。

3. 管理及职责

消防安全管理及职责根据电站实际情况,按管理层、执行层、操作层分解,按组织体系分解为电站、班组、人员等层次。

4. 管理内容和要求

(1)每年以创办消防知识宣传栏、开展知识竞赛等多种形式,提高全体员工的消防安全意识。

（2）定期组织员工学习消防法规和各项规章制度，做到依法治火，针对岗位特点进行消防安全教育培训。

（3）对消防设施维护保养和使用人员应进行实地演示和培训，对新员工进行岗前消防培训，经考试合格后方可上岗。

（4）应保持消防疏散通道、安全出口畅通，严禁占用疏散通道，严禁在安全出口或疏散通道上安装栅栏等影响疏散的障碍物。

（5）应保持消防安全疏散指示标志、应急照明、机械排烟送风等设施处于正常状态，并定期组织检查、测试、维护和保养。

（6）消防设备、设施做到"三定"，即设置定点、管理定人、检查定时，并放在明显的地方。消防设施的周围不得堆放杂物和其他设备，消防用沙应保持充足和干燥，消防沙箱、消防桶和消防铲、斧柄上应涂红色标注。

（7）人人要自觉遵守消防安全管理制度的各条规定，做到"三懂二会"，即懂得本岗位火灾的危险性，懂得火灾的预防措施，懂得扑救方法；会使用就地设置的消防器材，会扑救初起火灾。

（8）把防火工作纳入安全生产管理工作之中，建立消防安全组织网络，带领全体职工学习消防业务知识。

（9）若火警、火灾事故发生，应积极组织扑救，值班人员应立即汇报，事后电站应将事故原因、损失、处理情况及今后采取的预防措施等以书面形式向有关上级部门汇报。

（10）用火安全管理：

①严格执行动火审批制度，确需动火作业时，作业单位应按规定向安全监督部门申请动火许可证。

②动火作业前应清除动火点附近 5 m 区域范围内的易燃易爆危险物品或做适当的安全隔离，并备用适当种类、数量的灭火器材。

（11）易燃易爆危险物品管理：

①易燃易爆危险物品应有专门的库房，配备必要的消防器材，仓库人员必须由消防安全培训合格的人员担任。

②易燃易爆危险物品应分类、分项储存，化学性质相抵触或灭火方法不同的易燃易爆化学物品应分库存放。

③易燃易爆危险物品入库前应经过检验部门的检验，出入库应进行登记。

④库存物品应当分类、分垛储存。主要通道的宽度不小于 2 m。

⑤易燃易爆危险物品存取应按安全操作规程执行，非工作人员不得随意

入内。

⑥易燃易爆场所应根据消防规范要求采取防火防爆措施,并做好防火防爆设施的维护保养工作。

5.附则

本制度通过正式文件发布,自发布之日起执行。

3.2.2.16 交通安全管理制度

1.总则

为加强交通安全管理工作,落实"安全第一、预防为主"的工作方针,依据《中华人民共和国道路交通管理条例》、国家有关交通安全方面的法律法规和相关政策的规定,结合单位实际情况,特制定本制度。

2.管理及职责

(1)每位职工应模范遵守交通法规,共同维护好交通秩序。驾驶员要做到自觉遵守交通法规,遵守交通信号灯、交通标志、交通标线,服从交通民警、交通协管员的指挥和管理;同时要做到"五个严禁",即严禁酒后开车,严禁超速行驶,严禁开斗气车,严禁疲劳驾驶,严禁将机动车交给非司机驾驶,防止发生交通事故。每位职工应做到"五个自觉",即自觉遵守交通法规,自觉遵守各行其道的规定,自觉避让礼宾、会议车队,自觉不违章行车、走路,自觉服从交通民警和交通协管员的指挥。

(2)驾驶员应严格遵守电站有关交通规定。遇大雨、大雪、大雾、沙尘暴等恶劣天气时,应尽量不出车或少出车。非出车不可的,应严格控制车速、车距,谨慎驾驶,防止发生交通事故。

(3)驾驶员出车前应对机动车进行例行检查,行驶中要严格遵守交通法规,杜绝疲劳驾驶,严禁酒后驾车、超速行驶,保障行车安全。

(4)所有车辆要明确专人负责管理,安全主管负责对车辆管理进行监督、检查。

(5)生产现场运维车辆管理可由车辆主管委托当班值长管理,按班交接,车辆主管应定期进行检查。

(6)车辆必须经过车辆管理机关检验合格,领取牌号、行驶证及其他相关证件才准行驶。所有车辆必须建立车辆档案卡和有关台账,对车辆的各项技术状况、年度检验和例保要做详细的记录。

(7)车辆必须保持车况良好、车容整洁。特别是制动器、转向器、喇叭、雨刷器、后视器和灯光装置必须保持有效齐全。

(8)车辆修理和保养必须坚持"应修必修、修必修好"的原则,实行计划修理和计划保养制度。平时要加强对车辆技术状况的检查,每月不得少于一次,并做好详细记录,发现缺陷应及时排除,主要技术性能达不到要求的车辆不准投入运行。

(9)用车必须实行车辆使用申请单管理制度,电站员工因工作需要使用车辆外出之前必须填写车辆使用申请单,并经电站领导签字允许后方能使用,有急事来不及填写申请单,须以电话方式获得领导批准,事后补办申请手续,并认真填写"行车记录表"并存档备查。

(10)驾驶员应坚持"三检",即出车前检查、行驶中检查、停车后检查。平时应经常对机动车进行检查、维护、保养,发现故障缺陷应及时排除。在上高速路、开长途车前应重点对机动车的制动、灯光、轮胎、各种油料、雨刷等设备进行检查,使车况处于良好状态,确保不开"病车"上路。

(11)未经批准,车辆不得借予本单位之外的人员使用。车辆驶回后应停放在电站指定场所,并将车门锁妥。

3.附则

本制度通过正式文件发布,自发布之日起执行。

3.2.2.17　相关方管理制度

1.总则

为加强外来单位及人员到本电站作业的安全管理,消除安全隐患,杜绝安全事故的发生,特制定本制度。

2.管理职责及要求

相关方除必须遵守电站相关的安全、治安、消防和环保方面的规章制度外,还必须遵守以下规定:

(1)相关方人员进入厂区,必须佩戴出入证,并接受保卫、安全人员的检查。

(2)相关方人员不得在生产现场、各站房和要害部位(信息技术部、技术中心、电话总机室)摄影和照相。若有需要,必须通过项目单位履行相关审批程序。

(3)相关方人员因业务需要进入生产现场、各站房和要害部位(信息技术部、技术中心、电话总机室)必须经该电站领导同意,并有项目单位人员陪同;相关方人员进入空压站、电站、燃油库、化工库等危险部位,还必须履行进出登记程序。

(4)相关方工程作业区域的设定、警示和隔离:

①工程作业区域的设定不得影响电站生产的正常进行,避免在同一时间

和空间交叉作业。一般情况下,工程让生产;下列情况下,生产让工程:消除重大事故隐患、紧急事件处置、避免重大损失或影响的工程。

②在道路和车间内施工,必须用明显的警示标志划定和隔离施工区域;在无法封闭和隔离的情况下,必须安装红色警示灯。

③有高空坠落、塌陷和绊倒危险的施工区域,必须设置适用的警示标志,实行区域封闭,禁止车辆、行人通行。

(5)从事国家安全、健康法规所规定的特殊工种操作人员和饮食从业人员,必须持有合法有效的职业资质证明文本,并接受安全监督检查。

(6)动用明火作业或其他有可能引发火灾、爆炸的作业,必须申请办理动火审批手续并采取下列安全措施:

①在工程现场配置适用的和足够的消防器材。

②清除动火施工区域的易燃物质和可燃物质。

③安排专人进行现场防火监护,动火结束后,检查并清除火源,持续监火60 min,方可离开现场。

(7)作业现场的电器设施、线缆和接线装置不得有裸露和破损,取电、用电设施必须满足电器使用的安全标准。在易燃易爆场所施工,必须使用防爆电器。

(8)严禁将电源线、压缩空气管、氧气管和乙炔气管放在地面横跨公路设置;跨越公路架设临时管线,其距地面高度必须大于 4 m。

(9)未经授权,严禁动用本电站的任何设备/设施或其他资源。

(10)工程单位必须保持工程作业现场的整洁和安全,文明施工,严禁将施工物资乱堆乱放,形成安全障碍;工程结束后,必须在 2 个工作日内整理现场,清除施工物资和废弃物。

3.附则

本制度通过正式文件发布,自发布之日起执行。

3.2.2.18 防洪度汛安全管理

1.总则

根据《中华人民共和国安全生产法》《中华人民共和国防洪法》《水利部关于印发〈农村水电站安全生产标准化达标评级实施办法(暂行)〉的通知》(水电〔2013〕379 号)等法律法规、通知等文件,结合本单位实际情况制定安全生产目标管理制度。

2.防汛管理机构与职责

(1)防汛机构:

①成立防汛领导小组,下设防汛抗洪抢险队。

②根据防汛抗洪抢险的需要成立防汛抗洪抢险队。

(2)防汛领导小组职责:

①防汛领导小组在省防汛抗旱指挥部和上级主管单位防汛领导小组的领导下,负责统一指挥和领导电站防汛工作。

②如遇特大暴雨洪水或其他严重险情危及大坝安全,而又来不及或通信中断无法与上级联系时,防汛领导小组应研究度汛方案,立即做出决策,采取非常措施确保大坝安全。同时及时通知下游地方政府。

③督促检查防汛准备工作。

④下达防汛抢险命令,指挥防汛抢险,发布非常情况下的洪水警报。

(3)防汛抗洪抢险队职责:

①负责防汛电源和备用电源系统、通信系统的安全运行和维护工作。

②负责厂房、厂区排水系统的正常运行和维护工作。

③在下游水位较高时确保厂房通往下游的管道、闸阀、孔洞关闭、封堵严密可靠以防洪水倒灌厂房。

④负责防汛机电设备的维护、检修抢险工作。

⑤维护完善水工观测设施,加强对水工建筑物安全监测工作,及时进行观测资料的整理分析,发现异常现象,立即逐级上报。

⑥定期经常进行水工建筑物检查、维护,确保水工建筑物处于良好状况。

⑦加强水情自动测报系统维护,确保系统可靠运行。

⑧负责泄洪闸门的调度、运行、维护工作。

⑨负责大坝、边坡及上下游护坡等设施的有关防汛工作。

⑩负责按防汛物资储备定额要求的防汛物资的供应和管理。

⑪负责建立并实行车辆防汛值班制度,确保防汛抢险用车。

⑫负责加强汛期厂房、厂区的消防、保卫工作。

⑬经常组织有关人员巡逻,确保正常的生产、生活秩序。

(4)防汛抢险由防汛领导小组组长担任总指挥。防汛抗洪抢险队负责厂房、升压站设备、厂区、大坝、泄水设施、坝区排水系统抢修、坝上应急电源的保障、临时电源及临时排水设备的安装工作。

3. 防汛有关规定

(1)防汛例行工作:防汛例行工作包括每年汛前、汛后由防汛办安排对工程进行一次全面的现场检查,并及时填报"防汛检查表"。

①汛前检查的主要项目:

Ⅰ.大坝、厂房、泄洪设施等水工建筑物安全运行状况。

Ⅱ.泄洪闸门系统启闭试验。

Ⅲ.防汛电源是否可靠。

Ⅳ.厂房渗漏集水井的排水状况,设备健康状况,厂区排水沟是否畅通,流向是否正常。

Ⅴ.大坝集水井排水设备运行状况。

Ⅵ.防汛物资储备供应状况。

②汛后检查主要对水工建筑物、金属结构、水下隐蔽工程进行检查,以便查出问题,安排在次年汛前的枯水期检修消缺。

③每年汛前或汛后要对水库上下游进行调查,认真记载坝区塌岸、滑坡、下游河道设障阻水情况和其他有损于大坝安全的事件并及时将调查情况报主管局和有关班组。

④汛期编写大事记,汛后及时编写年度防汛工作总结报告。

(2)泄洪有关规定:

①泄洪闸门设备要维护、保持完好,做到汛期启闭灵活可靠。

②闸门的调度,应严格按照设计及上级防汛指挥部的要求调度,闸门的运行操作应严格按操作规程执行。

4.防汛工作考核标准

为加强防汛及相关设施的管理,每年汛期(4 月 15 日至 10 月 15 日),上级主管部门严格对防汛设施进行考核,考核规定如下。

发生下列情况之一者定为事故:

(1)闸门不能正常启闭,造成总泄量达不到调令泄量。

(2)三孔及以上泄洪闸门不能启闭,处理时间超过 1 h。

(3)闸门不能启闭,处理时间超过 24 h。

(4)防汛备用电源(柴油机)不能投运,处理时间超过 1 h。

(5)由于水工设备、水工建筑物损坏或其他原因,造成水库不能正常蓄水、泄洪或其他损坏。

(6)起重设备人为损坏,经济损失达到 3 万元及以上。

发生下列情况之一且不构成事故者定为一类障碍:

(1)闸门不能启闭。

(2)建筑物、雨棚、屋顶严重漏水,影响安全运行,处理时间超过 5 d。

(3)防汛电源故障,处理时间超过 2 h。

(4)行政通信系统对外通信中断 1 h。

发生下列情况之一不构成一类障碍者,定为二类障碍:

(1)防汛电源不能及时投入运行。

(2)排水设备不能及时投入运行。

(3)与防汛有关的启闭机不能运行。

(4)闸门处于开启状态,无人值班。

5. 附则

本制度通过正式文件发布,自发布之日起执行

3.2.2.19　职业健康管理制度

1. 总则

根据《中华人民共和国职业病防治法》《水利部关于印发〈农村水电站安全生产标准化达标评级实施办法(暂行)〉的通知》(水电〔2013〕379 号),为规范职业健康管理,结合本单位实际情况,特制定本制度。

2. 管理及职责

职业健康管理及职责根据电站实际情况,按管理层、执行层、操作层分解,按组织体系分解为电站、班组、人员等层次。

3. 管理要求

(1)职业安全健康劳动卫生管理:

①严格执行《中华人民共和国职业病防治法》和国家的有关法律法规。宣传贯彻执行劳动保护、职业卫生健康的方针、政策。

②接受上级职业健康管理班组的指导。

③每年实行职业安全健康年检制,安排员工体检。

④发生职业病者,依据《中华人民共和国职业病防治法》规定要求,对职业病者进行治疗;依据治疗班组所开具的医疗证明,对需要疗养或调离原工作岗位的,视病情轻重予以处理。

(2)职业安全健康劳动卫生防护:

①对运行值班人员、检修人员配备劳动防护用品,建立劳动防护用品台账。

②夏季对员工发放防暑降温用品。

③建立员工职业健康卫生档案。

(3)职业危害培训教育:

新员工上岗前要进行职业安全健康卫生培训教育,在岗期间要定期组织员工进行职业安全健康卫生培训教育。

(4)员工健康监护:

①员工进电站工作前要进行就业前体检,体检合格才能进入电站工作。每年进行一次体检,并建立员工职业安全健康档案。

②一年一次体检,应全员实行。

③组织职业病者及可疑职业病者进行复查、治疗或安排其到恰当的工作岗位工作。

④在职业性体检中,发现职业病者,须及时到专科医院就诊。

⑤在每年的5～10月制定防暑降温措施,发放清凉饮料费。食堂增加凉茶、汤水供应。

4.附则

本制度通过正式文件发布,自发布之日起执行。

3.2.2.20　劳动防护用品(用具)管理制度

1.总则

根据《中华人民共和国劳动法》《水利部关于印发〈农村水电站安全生产标准化达标评级实施办法(暂行)〉的通知》(水电〔2013〕379号)、国家经贸委《劳动防护用品配备标准(试行)》,合理配备、正确使用劳动防护用品,保护员工在生产过程中的安全和健康,保护员工免遭或减轻事故伤害和职业危害,确保安全生产,规范劳动防护用品(用具)管理,结合单位实际情况,特制定本制度。

2.管理及职责

劳动防护用品(用具)管理及职责根据电站实际情况,按管理层、执行层、操作层分解,按组织体系分解为电站、班组、人员等层次。

3.采购、验收、保管、发放及标准、使用、更换、报废管理

(1)单位负责劳动防护用品的采购。所采购的劳动防护用品的质量和性能必须符合国家标准或行业标准,特种劳动防护用品必须具有安全生产许可证、产品合格证和安全鉴定证;一般劳动防护用品,应严格执行其相应的标准。

(2)单位负责对购进的劳动防护用品进行验收,审核劳动防护用品供货厂家资质、产品质量、产品合格证和安全鉴定证等检验资料。

(3)验收合格的劳动防护用品办理入库手续,单位负责劳动防护用品保管、出入库和日常管理工作,保证劳动防护用品的储存安全,防止腐烂变质,如发现库存不足、品种不全等情况,要及时报告安排采购。

(4)发放及标准:

①劳动防护用品发放,应根据本企业各工种的劳动环境和劳动条件制定,

配备具有相应安全、卫生性能的劳动防护用品。

②根据电站的实际情况,确定劳动防护用品的发放标准。

③当劳动条件、工作环境发生变化时要及时调整发放标准,以满足生产需要。

④对于生产中必不可少的安全帽、安全带、绝缘防护品,防毒面具、防尘口罩等特殊劳动防护用品,必须根据特定工种的要求配备齐全,并保证质量。

⑤凡是从事多种作业或在多种劳动环境中作业的人员,应按其主要作业的工种和劳动环境配备劳动防护用品。

⑥管理、保卫等有关人员,应根据其经常进入的生产区域,配备相应的劳动防护用品。

⑦应建立劳动防护用品发放台账,台账应记录劳动防护用品名称、发放时间,应有员工本人签名。

(5)使用:

①使用劳动防护用品必须根据劳动条件、需要保护的部位和要求,科学合理地选用。

②必须正确使用劳动防护用品,使用人员应熟悉劳动防护用品的型号、功能、适用范围和使用方法。

组织员工安全教育,帮助员工增强自我保护意识,鼓励员工正确使用劳动防护用品,必须监管和教育员工正确佩戴和使用,新员工上岗前安全教育,要专门进行有关正确使用和保养劳动防护用品的培训,在发放劳动防护用品时,也要向领用人讲清正确使用方法,提醒职工自觉进行劳动防护用品保养。

③劳动防护用品,必须严格按照规定正确使用。使用前要认真检查,确认完好、可靠、有效,严防误用或使用不符合安全要求的护具。

④特殊防护用品,如防毒面具等还应经培训、实际操作考核合格。

⑤员工进入生产岗位、检修现场,必须按规定穿戴劳动防护用品,并正确使用劳动防护用品。

⑥不许穿戴(或使用)不合格的劳动防护用品,不许滥用劳动防护用品。

对于在易燃、易爆、烧灼及有静电发生的场所、明火作业的工人,禁止发放、使用化纤防护用品。防护服装的式样,应当以符合安全生产要求为主,做到适用美观、大方。

⑦劳动防护用品应妥善保护,不得拆改,应经常保持整洁、完好,起到有效的保护作用,如有缺损应及时处理。

⑧员工在工作时必须按要求正确佩戴、使用劳动防护用品,否则按违章

处理。

⑨在日常工作中,发现员工有不正确佩戴和不使用劳动防护用品的,要及时更正并予以批评教育。

⑩劳动防护用品应定期保养,保持整洁,保证各种劳动防护用品始终处于良好状况。

⑪涉及安全性能的劳动防护用品(如安全用具)的检测,应按规定送检,保证劳动防护用品质量稳定、可靠。

(6)更换和报废:

①当劳动防护用品经维护后性能无法达到规定的标准或超出使用有效期,应给予报废和更换。

②安全生产管理部门应每年督察需更换和报废的劳动防护用品。

4.附则

本制度通过正式文件发布,自发布之日起执行。

3.2.2.21　安全风险管理制度

1.总则

根据《水利部关于印发〈农村水电站安全生产标准化达标评级实施办法(暂行)〉的通知》(水电〔2013〕379号),为加强安全风险的管理,杜绝重大事故发生,确保安全生产,结合本单位实际情况,特制定本规定。

2.管理及职责

安全风险管理及职责根据电站实际情况,按管理层、执行层、操作层分解,按组织体系分解为电站、班组、人员等层次。

3.风险评估

(1)根据各项规章制度的要求对电站各系统进行危险源辨识,在危险源辨识的基础上进行风险评估。重大设备的异动由安全生产管理部门进行风险评估,重大设备的操作由安全生产管理部门进行风险评估。

(2)一般风险由班组长参加进行评估,并负责编制风险评估方案和措施,单位分管领导负责审核,派驻安全员负责对各分场评估情况进行检查和考核。

(3)较大风险分别由单位分管领导牵头,由安全生产管理部门负责组织,负责编制风险评估方案和措施,各技术部门负责审核,安全生产管理部门对评估情况进行检查和考核。

(4)重大风险由单位负责人牵头,安全生产管理部门负责组织,安全生产管理部门每年进行一次初评,每年请上级部门进行评估。安全生产管理部门负责组织编制风险评估方案和措施,对需要进行重大变更才能消除和控制风险的项目应列入重大技改或重大修理予以立项。

4. 风险等级

(1) 风险等级是标志风险影响程度的概念。依据电站承受风险的能力一般可分为可接受风险和不可接受风险两大类。

(2) 可接受风险表示此类风险对生产经营、人员安全和健康没有影响,或者影响程度很小,在可接受范围,不需要专注控制的风险。

(3) 不可接受风险表示此类风险对生产经营、经济效益和社会信誉造成严重的影响,对人员的安全和健康构成较大威胁,已超出可接受范围,必须采取措施予以控制;否则,风险一旦成为事实,将蒙受财务损失以及信誉危机。

(4) 对不可接受风险等级描述为重大、较大、一般。对可接受风险等级各部门进行解决。

5. 风险控制

(1) 依据风险的实际状况,运行人员、检修人员制定对危险源的监视、控制措施,以及整改方案。落实各项措施及方案的实施时间、实施责任人、实施监督人。

(2) 对实施监视、控制措施之后的风险等级进行评价,评价现时风险等级。重大风险电站控制、较大风险部门负责监督控制、一般风险班组控制。

6. 附则

本制度通过正式文件发布,自发布之日起执行。

3.2.2.22 隐患排查和治理管理制度

1. 总则

根据《水利部关于印发〈农村水电站安全生产标准化达标评级实施办法(暂行)〉的通知》(水电〔2013〕379号),为建立安全生产事故隐患排查治理长效机制,加强事故隐患监督管理,阻止和减少事故发生,保障员工生命和设备安全,规范本电站隐患排查和治理,结合本电站实际情况,特制定本制度。

2. 管理及职责

隐患排查和治理管理及职责根据电站实际情况,按管理层、执行层、操作层分解,按组织体系分解为电站、班组、人员等层次。

3. 管理内容和要求

(1) 事故隐患排查。

①事故隐患定义:制度所称事故隐患是指违反安全生产法律法规、规章、标

准、规程和安全生产管理制度的规定,或因其他因素在生产经营活动中存在可能导致事故发生危险状态,包括人的不安全行为和管理上的缺陷。

②事故隐患分类:根据危害及整改难度把事故隐患分为一般事故隐患和重大事故隐患。一般事故隐患是指发现后能够立即整改排除的隐患。重大事故隐患是指危害和整改难度大,经过一定时间整改治理方可排除的隐患,或者因外部因素影响致使自身难以排除的隐患。

③事故隐患内容包括生产、检修人员违反安全生产规章制度,设备设施的缺陷,在生产、检修过程中可能产生的各种险情事故隐患(设备、设施事故,火灾事故、溺水事故、人员伤害事故等),电站的各种危险源等。

(2)隐患排查职责。

①运行各班组对事故隐患排查治理工作负责。

②全体员工发现事故隐患者均有权向班长及相关管理人员报告,接到事故隐患报告后,应当按照隐患情况立即组织核查并予以协调处理。

③运行各班定期结合事故隐患检查,组织相关专业人员排查事故隐患,对查出的事故隐患,按照事故隐患分类进行登记,统一上报,协调处理。

④隐患处理:一般事故隐患,由隐患发现班组登记缺陷联系相关班组立即处理整改排除,对于重大事故隐患,应立即报送单位协调有关班组处理,应有整改措施、整改资金、整改期限、整改责任人和应急预案"五落实"。

(3)重大隐患治理方案内容。

①隐患的现状及其产生的原因。

②隐患的危害程度和整改难易程度分析。

③隐患的治理方法、措施。

④隐患治理、整改的资金预算、落实情况。

⑤隐患治理整改的期限。

⑥针对需治理的事故隐患情况,确定相应人员负责。

⑦在隐患未得到治理前及在治理过程中应采取的安全防范措施和相应的应急预案保障安全措施。

(4)具体要求:

①安全生产管理部门按规定的隐患治理期限,对事故隐患排查工作完成情况、隐患整改情况进行统计分析,对未治理隐患或未彻底治理的隐患进行汇总上报,协调处理并对未治理隐患进行必要的安全措施,防止隐患扩大。

②运行各班组应当组织相关人员进行经常性的事故隐患排查,各当班人员作为执行隐患排查的最基础环节,应要求当班人员加强隐患排查巡检力度,

对于一般事故隐患应立即组织人员整改,对于重大事故隐患应统计上报,由安全生产管理部门协调运行班、检修班处理。

③在事故隐患治理过程中,应当采取相应的安全防范措施,防止次生事故发生。事故隐患排除前或者排除过程中无法保证安全的,应当从危险区域内撤离作业人员,并疏散可能危及的其他人员,设置警示标志,暂时停止运行。对难以停止运行的相关设施、设备,应当加强巡检力度,防止事故发生。

④运行各班应组织开展季节性事故隐患排查,专项事故隐患排查及法定长假期间事故隐患排查治理工作。

⑤在接到自然灾害预报时,应及时发出预警信息,对自然灾害可能导致事故的隐患采取相应的预防措施。

4. 考核奖励

(1)安全生产管理部门定期召开安全生产风险分析会,通报安全生产状况及发展趋势。

(2)对于发现排除和报告事故隐患有功人员或隐患排查治理工作开展积极、表现突出的班组,将给予表彰和奖金奖励。

(3)对于不按期进行事故隐患排查或排查不彻底、监督不到位或流于形式、走过场的班组将给予批评及经济处罚。

5. 附则

本制度通过正式文件发布,自发布之日起执行。

3.2.2.23　重大危险源安全管理制度

1. 总则

根据《农村水电站安全生产标准化评审标准》,为贯彻"安全第一、预防为主、综合治理"的方针,加强重大危险源的管理,杜绝重大事故发生,确保安全生产,结合本电站实际情况,特制定本规定。

2. 管理及职责

(1)重大危险源的辨识评估、登记备案、监控等管理由安全生产管理部门负责。

(2)认真贯彻落实有关重大危险源管理的法律、法规及国家标准。

(3)认真做好重大危险源的辨识评估、登记备案、监控,对存在的问题限期整改,并要求相关数据的及时、准确、完整性。

(4)完善重大事故应急预案,定期开展演练,落实重大事故应急救援工作。

(5)及时、如实地汇报重大危险源造成的安全生产事故。

(6)对重大危险源规范日常管理,对重大危险源做到可控、在控。

3.辨识评估、登记备案、监控

(1)严格按照国家、地方政府的相关要求,认真完成单位的重大危险源辨识评估、登记备案工作,每年至少进行一次重大危险源的辨识评估工作。

(2)单位根据厂区、办公区、大坝区等不同地点对重大危险源进行辨识评估,及时进行登记建档,建立重大危险源动态管理台账。

(3)按照相关规定,将本电站重大危险源的名称、地点、性质和可能造成的危害及有关安全措施、应急救援预案报上级班组备案。

(4)在生产过程、材料、设备、防护和环境等因素发生重大变化,或者国家有关法律法规、标准发生变化时,应对重大危险源重新进行安全评估。

(5)对新辨识的重大危险源,应按照相关规定及时进行登记备案。对已不构成重大危险源的,应及时报告注销。

(6)对已辨识的重大危险源应采取技术措施、组织措施进行监控,技术措施包括设计、建设、运行、维护、检查等,组织措施包括明确人员职责、人员培训、防护器具配置、作业要求等。

(7)在重大危险源现场设置明显的安全警示标志,和危险源点警示牌,内容包括名称、地点、责任人员、控制措施等。

4.人员培训与应急救援

(1)对涉及重大危险源的运行、检修、维护及其他监督管理人员,每年至少进行一次相关法律法规、国家标准、防火防爆、应急救援等知识的培训和考试。

(2)应急救援按单位实际《应急救援预案》执行。

5.监督管理

(1)电站对重大危险源实行逐级管理。构成自行规定的重大危险源,由各科室进行监督与管理;要认真做好重大危险源的管理,落实措施,做到科学化、制度化和规范化。

(2)对构成单位自行规定的重大危险源的设备、设施等都要列入重点保卫部位,并落实保卫责任,严防外力破坏。

(3)构成单位自行规定的重大危险源的设备、设施、场所等,除水电厂大坝外,其余都要列入本电站重点防火部位。要按照《中华人民共和国消防法》落实消防安全管理责任,做到消防设施、器材齐全有效,消防通道畅通,安全警示标志齐全,与其他建筑物的防火距离符合规程规定。做到防雷、防静电设施齐全有效。

(4)大坝的管理要按照水利部的《水电站大坝运行安全管理规定》做好坝

体监测、水文观测和定期检测工作。

（5）除电站的重大危险源外,办公区的档案室、办公楼也应列入重点防火部位。

（6）其他有可能产生人身伤亡、火灾及影响安全生产的设备,应根据实际情况补充完善,并落实监督管理责任,确保安全。

6. 附则

本制度通过正式文件发布,自发布之日起执行。

3.2.2.24　应急管理制度

1. 目的

为确保本单位安全事故应急处理工作科学高效地进行,有效地防范各种安全事故的发生,最大限度地减轻事故灾害,保障职工的生命、财产安全,依据《中华人民共和国安全生产法》及安全生产管理相关法律的规定,结合本单位实际,特制定本制度。

2. 适用范围

本制度适用于本单位的应急准备、处置和救援工作。

3. 管理及职责

应急管理及职责根据电站实际情况,按管理层、执行层、操作层分解,按组织体系分解为电站、班组、人员等层次。

4. 内容与要求

（1）应急管理原则。

应急管理原则主要如下：

①实行行政领导负责制和责任追究制。

②以人为本原则。

③预防为主原则。

④科学实用原则。

⑤分级响应原则。

（2）应急管理机构与救援队伍。

①建立应急管理指挥机构及应急救援队伍。

②组织对应急救援人员的教育培训,培训应针对各自的救援职能与专业;救援人员应熟练掌握安全设施的启用与救援装备的使用。

（3）应急预案。

建立健全生产安全事故应急预案体系(包括综合预案、专项预案和现场处置方案),并按规定进行审核和报备。

(4)预测预警。

①针对各种可能发生的突发事故,完善预测预警机制,建立预测预警系统,开展危险源辨识、环境因素识别和风险评价工作,做到及时发现、及时报告、妥善处置。每个应急人员必须能熟练使用预警电话或其他报警方式。

②根据危险源辨识、环境因素识别和风险评价预测分析结果,对可能发生和可以预警的潜在突发事故进行预警。预警级别依据突发事故可能造成的危害程度、紧急程度和发展势态,一般划分为三级:一级(重大)、二级(较大)、三级(一般)。

③预警信息包括突发事故的类别、地点、起始时间、可能影响范围、预警级别、警示事项、应采取的措施和发布级别等。

④预警信息的发布、调整和解除经有关领导批准可通过网络、广播、电话、短信,特殊情况下可采取大声呼叫、敲击能发强音的器物等方式进行。

(5)应急处置与救援。

①信息报告。一旦发生重大突发事故,各事发源的第一目击者应立即报告本部门领导,同时报告专职人员或专业部门。应急处置过程中,要及时续报事故有关变化情况。

②先期处置。突发事故发生后,事发现场人员与应急处置人员在报告突发事故信息的同时,要根据职责和规定的权限启动相关应急预案,及时、有效地进行先期处置,控制事态的蔓延。

③事故救援过程中,各部门都要严格服从指挥调度,从人、财、物各方面积极直接参与救援或支援相关单位的救援工作。

④事故救援中,应防止盲目指挥、冒险施救、违章作业情况,避免事故或损失扩大;现场应急救援人员应携带相应的专业防护装备,采取安全防护措施,严格执行应急救援人员进入和离开事故现场的相关规定。

(6)应急保障。

按照职责分工和相关预案做好突发事故的应对工作,同时根据总体预案的要求,切实做好应对突发事故的人力、物力、财力、运输、医疗卫生、通信保障等工作,保证应急救援工作的需要以及恢复重建工作的顺利进行。

(7)恢复与重建。

①善后处置。积极稳妥、深入细致地做好善后处置工作。对突发事故中的伤亡人员、应急处置工作人员,以及紧急调集的有关单位及个人的物资,要按照规定给予补充。有关部门还要做好疫病防治和环境污染的消除工作。

②调查与评估。对重大突发事故的起因、影响、责任、经验教训和恢复重建等问题,应按照"四不放过"原则进行调查评估和处理。

③恢复重建。根据事故恢复重建计划,组织实施恢复重建工作。

(8)信息的报告与发布。

①突发事故的信息发布应当及时、准确、客观、全面。

②重大事故发生后应及时向主管上级和当地政府报告,并根据事件处置情况做好后续报告工作。

③突发事故发生后应当向员工发布简要信息和应对防范措施等。

④信息的报告与发布形式主要包括授权报告或发布、组织报道、接受采访等。

(9)责任与奖惩。

①突发事故应急处置工作实行责任追究制。

②对应急管理工作中做出突出贡献的集体和个人给予表彰和奖励。

③对迟报、谎报和瞒报突发事件重要情况或拖延、逃避、推诿、阻挠等救援行为,严重影响事故应急处置工作的有关责任人给予处罚或行政处分;构成犯罪的,移送司法机关处理的人员依照相关办法进行惩处。

(10)预案演练与培训教育。

①按照《生产安全事故应急演练指南》(AQ/T 9007—2015)每年至少组织一次综合应急预案演练或者专项应急预案演练,每半年至少组织一次现场处置方案演练,做到一线从业人员参与应急演练全覆盖,掌握相关的应急知识。

②按照《生产安全事故应急演练评估规范》(AQ/T 9009—2015)对应急演练的效果进行评估,并根据评估结果,修订、完善应急预案。

③组织相关部门进行应急法律法规和预防、避险、自救、互救、减灾等知识的培训,增强员工的安全意识、社会责任意识和自救、互救能力。对应急救援和管理人员进行专业培训,提高其应急专业技能,并保存培训记录。

5.附则

本制度通过正式文件发布,自发布之日起执行。

3.2.2.25　事故报告及事故调查处理制度

1.总则

根据《水利部关于印发〈农村水电站安全生产标准化达标评级实施办法(暂行)〉的通知》(水电〔2013〕379 号)《生产安全事故报告和调查处理条例》(国务院 493 号令)的相关规定,为规范本电站事故报告、事故调查管理,结合本单位实际情况,特制定本制度。

2. 管理及职责

事故报告及调查处理管理及职责根据电站实际情况,按管理层、执行层、操作层分解,按组织体系分解为电站、班组、人员等层次。

3. 事故等级和分类

依据《生产安全事故报告和调查处理条例》(国务院 493 号令)第三条的规定,生产安全事故(简称事故)造成的人员伤亡或者直接经济损失,对事故进行分级、分类。

4. 事故报告

事故发生后,事故报告应及时、准确、完整。报告事故应当包括下列内容:

(1)事故发生单位概况。

(2)事故发生的时间、地点以及事故现场情况。

(3)事故的简要经过。

(4)事故已经造成或者可能造成的伤亡人数(包括下落不明的人数)和初步估计的直接经济损失。

(5)已经采取的措施。

(6)其他应当报告的情况。

(7)事故快报表。

5. 事故调查

依据《生产安全事故报告和调查处理条例》的规定,严格履行职责,及时、准确地完成事故调查处理工作。

6. 事故处理

依据《生产安全事故报告和调查处理条例》的规定,严格履行职责,及时、准确地完成事故调查处理工作。

7. 附则

本制度通过正式文件发布,自发布之日起执行。

3.2.2.26　安全生产报告制度

1. 目的

为促进安全生产责任制落实,加强对安全生产工作的监督、检查、督促和考核,确保及时、准确掌握各部门安全生产管理及生产指标的完成情况,特制定本制度。

2. 适用范围

本制度适用于本电站安全生产情况报告。

3. 职责

安全生产报告管理及职责根据电站实际情况,按管理层、执行层、操作层分解,按组织体系分解为电站、班组、人员等层次。

4. 安全生产工作情况汇报的形式和内容

安全生产报告是指发生的各类生产安全事故(障碍)情况的信息,发生人员重伤以上事故按《事故统计报告管理制度》执行。安全生产报告包括即时安全生产情况报告、作业完毕安全报告和定期安全生产情况报告三种形式。

(1)即时安全生产情况报告。指当各部门发生如下事件时的请示和汇报:

①人身、设备等事故的报告。

②设备异常情况报告。

③设备检修即时报告。

④生产事故即时上报的有关事项。

⑤其他重要事件的请示和报告。

(2)作业完毕安全报告。指班组接班时汇报当班安全生产情况和生产安排;作业中当班安全生产情况和有无各类事故影响;交班前汇报当班安全生产任务完成情况和下班须处理的问题。

(3)定期安全生产情况报告。指各部门按每日、每周、每月等定期向部门负责人和安全生产领导小组汇报的安全生产报告。主要包括:安全、技术监控、设备可靠性和生产情况等汇报。其中安全、技术监控、设备可靠性的汇报按照相应的管理规定的汇报程序及要求进行汇报。

5. 安全生产报告规定

(1)召开安全生产报告会。

公司每天上午先在会议室召开安全生产报告会,会上由各部门通报生产安全信息。

(2)异常情况,安全生产报告汇报流程:

当发生以下生产安全事故(障碍)、不安全情况和生产突发事件时,所在部门的当值人员或现场负责人应立即汇报部门负责人,同时汇报给安全环保部负责人:

①人身伤亡事故。

②设备事故。

③生产场所火灾事故。

④设备故障(开关跳闸、母线失压、继电保护装置动作等)。

⑤其他事故(障碍)、不安全情况、生产突发事件。

6. 考核

对汇报不及时、弄虚作假、故意隐瞒等违反本制度有关规定的部门,视情节轻重给予通报批评和处罚。

7. 附则

本制度通过正式文件发布,自发布之日起执行。

3.2.2.27 绩效评定管理制度

1. 总则

为验证安全生产目标完成情况,和电站安全生产管理现状与安全生产标准化规范的符合情况,确保电站安全生产标准化的适宜性、充分性和有效性,按照安全生产标准化体系的要求进行评审,保证体系持续有效的正常运行,特制定本制度。

2. 管理及职责

绩效评定管理及职责根据电站实际情况,按管理层、执行层、操作层分解,按组织体系分解为电站、班组、人员等层次。

3. 管理要求

(1)安全生产领导小组组织对单位各个班组及所有人员安全生产标准化绩效进行评定。

(2)安全生产标准化绩效评定每年一次,在年底进行。单位发生死亡事故后,应重新评定绩效,绩效评定数据汇总上报,所有绩效评定数据结果分发至各个班组重新进行评定。

(3)绩效评定人员应熟悉单位的管理各项业务工作内容、安全标准化体系,对体系中的相关规章制度、程序、记录表式等清楚熟悉。

(4)安全生产领导小组就职业健康安全管理各项规章制度和安全生产管理现状与安全生产标准化的适宜性、充分性、有效性做出正式评价,分清和落实存在问题的方面,确定改进、变更或纠正、预防措施。

(5)报告与分析。

安全生产领导小组根据绩效评定输出,检查安全生产工作目标、指标的完成情况,提出改进意见,形成《安全标准化实施情况评定报告》,制定完善安全生产标准化的工作计划和措施,并对改进、变更或纠正、预防措施的实施情况跟踪、检查、验证、记录。

(6)绩效评定结果考核:

①对取得成绩的班组或个人及未按要求完成安全生产标准化工作的班组或个人,严格按实施细则进行考核,将安全生产标准化工作评定结果,纳入单位年度安全绩效考评。

②对未按纠正、预防措施要求,进行整改的责任部门或个人加重处罚。

③持续改进,根据安全生产标准化的评定结果,及时对安全生产目标、规章制度、操作规程等进行修改,改善安全生产标准化的工作计划和措施,实施PDCA 循环,不断提高安全绩效。

4.附则

本制度通过正式文件发布,自发布之日起执行。

3.3　制度评估与修订

3.3.1　作业要求

(1)新工艺、新技术、新材料、新设备投入使用前,组织编制或修订相应的安全操作规程,并确保其适宜性和有效性。

(2)每年至少评估一次安全生产法律法规、标准规范、规范性文件、规章制度、操作规程的适用性、有效性和执行情况。

(3)根据评估、检查、自评、评审、事故调查等发现的相关问题,及时修订安全生产规章制度、操作规程。

3.3.2　管理文件资料

文件自查评估记录、文件修订记录。